国家社科基金艺术学项目丛书
2015年国家社科基金艺术学项目（15BG104）
"非遗"传统文化与技艺丛书

海丝文化传承

闽南"非遗"渔女服饰研究

卢新燕　黄　成　童友军 ◎ 著

中国纺织出版社有限公司

内 容 提 要

本书基于海丝文化视角下研究闽南"非遗"渔女服饰文化，通过不同历史阶段的渔女服饰结构、装饰、技艺等特征开展研究，结合其历史背景、民俗文化、社会生产方式等，解读海洋族群传统服饰之美。泉州是海上丝绸之路的重要起点，本书结合社会学、历史学、人类学综合分析闽南"非遗"渔女服饰文化渊源，从海外传播路径到海丝文化的互鉴，分析其服饰特征形成的因素。闽南"非遗"渔女服饰保护和传承的必要性研究，可以推动沿海服饰旅游资源的开发、传统服饰与文化创意产业结合以及传统服饰数字传播等策略分析，有利于传承与弘扬海洋服饰民俗，促进中华文化海外传承和认同，传承"海上丝绸之路"精神。

本书适合服饰文化相关专业师生及爱好者参考使用。

图书在版编目（CIP）数据

闽南"非遗"渔女服饰研究 / 卢新燕，黄成，童友军著． --北京：中国纺织出版社有限公司，2025. 8.（国家社科基金艺术学项目丛书）． -- ISBN 978-7-5229-2795-4

Ⅰ. TS941.12

中国国家版本馆 CIP 数据核字第 2025SZ9773 号

责任编辑：李艺冉　魏　萌　责任校对：高　涵
责任印制：王艳丽

中国纺织出版社有限公司出版发行
地址：北京市朝阳区百子湾东里 A407 号楼　邮政编码：100124
销售电话：010—67004422　传真：010—87155801
http://www.c-textilep.com
中国纺织出版社天猫旗舰店
官方微博 http://weibo.com/2119887771
北京华联印刷有限公司印刷　各地新华书店经销
2025 年 8 月第 1 版第 1 次印刷
开本：787×1092　1/16　印张：10.75
字数：180 千字　定价：118.00 元

凡购本书，如有缺页、倒页、脱页，由本社图书营销中心调换

前言

闽南"非遗"渔女服饰是属于海洋性地域特色的传统服饰，同时也是闽南颇具特色的传统服饰，主要包括泉州市惠安县东部的惠安女服饰和泉州市丰泽区东海街道的蟳埔女服饰。惠安女服饰于2006年被中华人民共和国国务院批准列入第一批国家级非物质文化遗产名录，蟳埔女习俗于2008年被中华人民共和国国务院批准列入第二批国家级非物质文化遗产名录。如果按大陆文化和海洋文化背景来分，惠安女服饰、蟳埔女习俗属于海洋文化背景，而且属于汉族服饰的一种特例，都是以生活的地域名而命名的。惠安女服饰是指惠安县东部崇武半岛和小岞半岛渔女服饰，最具代表性的是崇武镇和山霞镇，小岞半岛的净峰镇和小岞镇四个乡镇渔女的服饰习俗，早期被称为"惠东女服饰"，不是指惠安县全域妇女的服饰，即便崇武镇和山霞镇也是部分村庄渔女穿传统服饰，以大岞村、东坑村、下坑村为代表；小岞半岛上小岞镇和净峰镇全境渔女都穿传统服饰。

国内对惠安女服饰研究较早，20世纪80—90年代出版的关于惠安女的专著，主要是人类学研究，追溯惠安女族源，关注的是常住娘家的婚俗，但现在已无此婚俗。查阅关于惠安女的文献资料，相关书籍有：《中国传奇惠安女》《凤舞惠安·惠安妇女服饰》《嫁给大海的女人》《惠安女服饰与刺绣》、内部手刻印制《福建惠东婚俗、服饰和历史考察》《惠东南奇异服饰人族源管窥》《惠安女的奥秘》《惠女的故事》等；人类学方面资料有：《崇武大岞村调查》《惠东人研究》《崇武人类学调查》《惠安旧风俗琐谈》《明清闽南宗族意识的建构与强化》等；历史学方面资料有：《惠安文物史迹》《惠安县文物志》《刺桐城》《刺桐梦华录（946—1368）》等；海洋文化方面资料有：《海洋与人类文明的生产》《东海海域移民与汉文化的传播》《19世纪槟城华商五大姓的崛起与没落》《海丝申报世界文化遗产与东亚海洋考古研究》《丝绸之路促文明——宋代与元代的海上贸易与海防》《泉州文化与海上丝绸之路》《闽文化的历史思辨》《"一带一路"下的海洋文化发展》等。针对惠安女服饰色彩和纹样予以介绍的有摄影著作《凤舞惠安》，针对蟳埔女介绍的有2007年6月今日出版社出版摄影图册《蟳埔女》；惠安女服饰、蟳埔女头饰等课题近几年受到关注，已有一些论文发表，主要是从形式美、特征结构的角度撰写的；从海洋文化和海丝文化视角研究非遗渔女的服饰论文和专著都还没有，国外目前只有1979年《新加坡惠安公会成立五十周年纪念刊》

里有一篇《净峰乡五十年前妇女发式追忆》对小岞半岛渔女发饰做了描述。

笔者于2010年开始对惠安女和蟳埔女服饰及生活习俗开展田野考察研究，曾多次前往崇武镇大岞村、东坑村、下坑村，以及净峰镇、小岞镇，针对惠安女服饰及生活习俗进行考察，同时通过对惠安县博物馆、崇武古城内惠安女民俗馆、惠安县文化馆和小岞镇综合文化站等政府文化部门及非遗传承人的访谈交流调研，分别采访了崇武镇惠安女服饰传承人詹国平、大岞村曾梅霞、小岞镇李丽英、净峰镇黄斗笠制作传承人王汉坤、银腰链制作传承人王志强，净峰镇惠安女服饰传承人康培雄，小岞镇惠安女服饰制作人王亚怨等；同时积极参加一些民俗活动，如3月小岞镇妈祖巡香，11月小岞镇"正顺王信俗"巡境民俗活动考察。

对泉州蟳埔女习俗的考察，主要通过走访泉州历史博物馆、中国闽台缘博物馆、蟳埔村蟳埔女服饰传习所，参与每年正月二十九妈祖巡香民俗活动，多次拜访蟳埔村蟳埔女习俗传承人黄晨、蟳埔女金银首饰制作传承人王勇跃等相关传承人员，探索昔日刺桐港畔海上丝绸之路上传统服饰文化的海内外传播。

泉州是全国著名侨乡，早在五代、宋元时期，就有人迁居海外。在清末至民国时期"下南洋"的移民潮中，大批惠安人外迁至东南亚国家和中国台湾地区，旅居世界各地的泉州籍华侨达720多万人，惠安县华侨华人达85万多人，海外有菲律宾惠安公会总会、马来西亚惠安总会、新加坡惠安公会等30多个华侨社团。为了研究闽南渔女服饰习俗在东南亚的传承情况，笔者于2018年和2019年先后两次去新加坡、马来西亚、印度尼西亚华人后裔服饰习俗进行考察。新加坡考察地点主要有新加坡国家博物馆、亚洲文明博物馆、马来文化馆、新加坡土生华人博物馆、牛车水原貌馆、娘惹服饰传承人黄俊荣先生收藏馆，同时联系当地华人社团帮助开展调研工作。马来西亚考察地点主要有马来西亚国家博物馆、国家纺织博物馆、伊斯兰艺术博物馆；马六甲考察地点有马六甲博物馆、土生华人博物馆、峇峇娘惹祖屋博物馆、郑和博物馆等；马来西亚槟城考察地点有槟城侨生博物馆、槟城娘惹博物馆等。印度尼西亚考察地点主要有雅加达、日惹、泗水、三宝垄，包括雅加达中央博物馆、雅加达历史博物馆、雅加达文化博物馆等；索诺布多约博物馆、爪哇蜡染博物馆、日惹蜡染博物馆等；三宝垄中爪哇省博物馆等，收集了大量的闽南传统服饰海外传承与发展的相关资料。

本书从四个部分展开研究，共有八章，第一部分是闽南"非遗"渔女服饰生态环境及历史演变，闽南渔女服饰依存的生态环境，探索服饰文化与海洋环境的关系、服饰文化与地域人文环境的关系，对闽南渔女服饰文化特征的形成过程具备清晰的思路。第二部分为闽南"非遗"渔女服饰的海洋文化特质与工艺，通过渔女服饰的功能性特征，渔女服饰的纹样、色彩与装饰艺术，展开闽南渔女服饰装饰艺术的海洋文化特质，以及闽南"非遗"渔女服饰制作工艺的探索。第三部分是闽南"非遗"渔女服饰海丝文化融合，研究闽南"非遗"渔女服饰在海丝文化中的传播路径，以及闽南"非遗"渔女服饰的跨文化融合，涉及海丝文化对服饰习俗的影响，海上丝绸之路中外文明交流对服饰的影响以及表现。第四部分是闽南"非遗"渔女服饰保护与传承，通过对闽南"非遗"渔女服饰生态文化修复和保护，增进东南亚华侨对民族文化认同感，在推动民俗活动传承的同时，使传统服饰也得到传承和弘扬，通过文旅融合激活"非遗"传承与价值转化。

文化和旅游部（原文化部）于2007年6月批准设立"闽南文化生态保护实验区"，这是第一个国家级文化生态保护实验区，保护范围为福建省泉州、漳州、厦门三个市及所辖十二区、四市（县级市）、十三县（含金门县）。2019年3月1日，《国家级文化生态保护区管理办法》正式施行，文旅部启动针对21个文化生态保护实验区的检查验收工作，最终确定并公布了首批7个国家级文化生态保护区名单，"实验区"上升为"保护区"，列入联合国教科文组织非遗名录名册的项目5项，国家级项目60项，省级项目200项，市级项目375项。[1]

服饰习俗的形成离不开自然生态和文化生态环境。随着科技发展、生产力水平提升，传统服饰习俗逐渐失去了赖以生存的环境，非物质文化遗产的传承受到严峻挑战，作为中华传统服饰，海洋文化背景下的闽南渔女服饰的研究资料急需存档保存、弘扬，这也是笔者当初申报国家社会科学基金项目研究的主要原因。海上丝绸之路是历史上连接中国与东南亚国家的主要海上通道。福建是海上丝绸之路的重要起点，是连接台湾海峡东西岸的重要通道，是太平洋西岸航线南北通衢的必经之地，也是海外侨胞和港澳台同胞的主要祖籍地。闽南文化通过海上丝绸之路传播有着悠久的历史，服饰习俗随着生活习俗在海外传播和演变。随着"21世纪海上丝绸之路"建设提出，海上丝绸之路不仅是经贸之路，也是文化交流之路。在人文交流领域，推进民心相通，强化华人华侨情感联系，推进中华文化海外自觉传承和认同。因此，海丝文化视角下的闽南"非遗"渔女服饰研究具有划时代的意义。

卢新燕

2025 年 5 月

---

[1] 李珂：《闽南文化生态保护实验区升级为保护区》，《国家旅游地理网》2020年。

目录

第一部分　闽南"非遗"渔女服饰生态环境及历史演变

第一章　闽南"非遗"渔女服饰的地理分布及生态环境 2
　　第一节　闽南"非遗"渔女服饰的地理分布 2
　　第二节　闽南"非遗"渔女服饰的海丝文化生态环境 6

第二章　闽南"非遗"渔女服饰形制的历史演变 11
　　第一节　闽南"非遗"惠安渔女服饰特征及演变 12
　　第二节　闽南"非遗"蟳埔渔女服饰特征及演变 37
　　第三节　闽南"非遗"渔女传统婚俗及礼仪服饰 47

第二部分　闽南"非遗"渔女服饰的海洋文化特质与工艺

第三章　闽南"非遗"渔女服饰装饰艺术海洋文化特质 58
　　第一节　闽南"非遗"渔女服饰海洋性服饰功能 58
　　第二节　闽南"非遗"渔女服饰海洋性装饰材料 61
　　第三节　闽南"非遗"渔女服饰海洋性装饰纹样 63
　　第四节　闽南"非遗"渔女服饰海洋性色彩搭配 66

第四章　闽南"非遗"渔女服饰制作工艺 70
　　第一节　崇武半岛渔女"节约衫"制作工艺 71
　　第二节　小岞半岛渔女传统线绳制作工艺 74
　　第三节　惠安渔女服饰编织工艺 79
　　第四节　蟳埔渔女服饰"薯莨染"染色工艺 83
　　第五节　惠安渔女银腰链的锻制工艺 87

第三部分　闽南"非遗"渔女服饰海丝文化融合

第五章　闽南"非遗"渔女服饰在海丝文化中传播路径 ········ 92
第一节　移民与贸易：海外传播的历史契机 ········ 93
第二节　跨国婚姻：服饰习俗海外传播 ········ 98

第六章　闽南"非遗"渔女服饰的跨文化融合 ········ 101
第一节　闽南传统服饰跨文化融合的成因 ········ 102
第二节　惠安渔女银腰链的跨文化融合 ········ 105
第三节　小岞半岛渔女外币发簪的跨文化融合 ········ 111
第四节　闽南渔女"番巾"的跨文化融合 ········ 116
第五节　闽南珠绣工艺的跨文化融合 ········ 118
第六节　东南亚娘惹服饰的跨文化融合 ········ 127

第四部分　闽南"非遗"渔女服饰保护与传承

第七章　闽南"非遗"渔女服饰生态修复和保护 ········ 140
第一节　民俗信仰活动促进闽南"非遗"渔女服饰传承 ········ 140
第二节　国际化传播推动闽南"非遗"渔女服饰传承 ········ 150

第八章　文旅融合推动"非遗"渔女服饰传承与创新 ········ 157
第一节　文旅融合促进"非遗"渔女服饰传承的优势 ········ 157
第二节　文旅融合背景下渔女服饰的创新路径 ········ 159

第一部分
闽南"非遗"渔女服饰生态环境及历史演变

第一章 闽南"非遗"渔女服饰的地理分布及生态环境

从地理位置划分，闽南是指厦门市、漳州市、泉州市以及周边部分地区。"闽南文化生态保护实验区"是文化部于2007年6月批准的第一个国家级文化生态保护实验区，为加强闽南地区非物质文化遗产区域性整体保护，2019年12月文化和旅游部正式批准设立"闽南文化生态保护区"，为国家级文化生态保护区，"惠安女服饰"和"蟳埔女习俗"均属于保护区内国家级非遗名录，二者存在于闽南同一条海岸线上，却有着不同的服饰特征。《晏子春秋·问上》曰"百里而异习，千里而殊俗"，而泉州惠安县和蟳埔村地理位置相距不到50公里，却有着不同的服饰习俗。

第一节 闽南"非遗"渔女服饰的地理分布

一、惠安渔女服饰地理分布

惠安女服饰所在地惠安县隶属于泉州市。惠安县地处福建省东南沿海突出部，一面依山，三面环海，介于泉州湾与湄洲湾之间。海域和滩涂面积广阔，海域面积1725平方公里，海岸线长129公里，东濒台湾海峡，东南隔泉州湾与石狮市相望，西接洛江区，西北与仙游县毗连，南临泉州湾海域，与泉州台商投资区接壤，北邻泉港区。惠安是千年历史古县，其开发置郡相对较晚，北宋太平兴国六年（981）析晋江县（今晋江市）东北十六里置惠安县，取"以惠安民"之义称惠安。大岞距崇武城东约5公里，是惠安县的著名渔业基地之一。这里背山面海，自然条件优越，自古以来就有人类在这里劳动生息。1951年著名考古学家林惠祥教授曾在这一带发现史前石器和陶片。[1] 明代崇武建城以前，惠东人口还较少，这里虽然地势平坦，无高山大川阻隔，但

---

[1] 陈国强：《崇武研究》，中国社会科学出版社，1990，第81页。

土地贫瘠，因而汉族移民来此开发较迟，惠安县在泉州地区最迟置县，而崇武等惠东地区在经济、文化方面的全面开发更迟，❶正是因为开发迟，汉文化的传播也较迟，福建土著在惠东地区就有了自己持续的生存空间。

惠安县现有辖区内有螺城、螺阳、黄塘、紫山、崇武、山霞、涂寨、东岭、东桥、净峰、小岞、辋川等12个镇，以及张坂、东园、洛阳、百崎等4个乡镇（委托泉州台商投资区管理）。惠安女服饰不是指惠安县所辖12个乡镇所有妇女的服饰，而是惠安县东部崇武半岛上的崇武镇、山霞镇和小岞半岛上的净峰镇、小岞镇4个乡镇，只有这4个镇的妇女穿戴独特的传统服饰，早期称惠东女服饰，现在统称为"惠安女服饰"。崇武和小岞半岛相距约20公里，从地图上看像两个巨大的蟹脚伸出海面，这两个半岛的渔女服饰又分为两种不同形制，按地理位置划分，崇武镇、山霞镇属于同一类服饰，净峰镇、小岞镇属于同一类服饰。

崇武镇位于崇武半岛的前端，三面环海，东临台湾海峡，北面与净峰镇、小岞镇隔海遥对。崇武镇有12个行政村，惠安女服饰只有崇武城外7个行政村（大岞、港墘、五峰、霞西、前垵、龙西、溪底）为渔女穿戴，其中崇武镇大岞村渔女服饰最具代表性，崇武城内5个行政村（靖江、潮乐、莲西、海门、西华）一直穿用汉族传统服饰，没有穿用惠安女这种奇特服饰。这要追溯到惠安女族群归属，崇武城是明代开始建造的，城内大都为官兵移民，称为"军籍户"。建城以后，明清两代陆续迁入居民多数为商业户、手工业者和自由职业者，清代末年惠安县从其他地方迁入一些手工业者。崇武城内多为外来移民，没有惠安女服饰习俗，所以崇武城内妇女与惠安县其他汉族妇女拥有一样的服饰习俗，可见惠安女这种独特的服饰打扮应该源于当地土著居民的传统穿戴习俗。

山霞镇位于崇武半岛的底部，和崇武镇连接，东与崇武古城接壤，南瞻泉州湾，北眺湄洲湾，东南方与台湾岛隔海相望，辖山霞、东坑、东莲、埭透、下坑、山腰、后洋、青山、大淡、新塘、田边、峣崮、宣美、鹰园、前张、田墘16个行政村，目前有11个行政村依然穿戴惠安女服饰，峣崮、宣美、鹰园、前张、田墘这5个行政村没有穿戴惠安女服饰。

小岞镇位于惠安最东部，东、南、北三面临海，西与净峰镇七里湖狭长地带接壤，形成半岛地形，称为小岞半岛，南部与崇武半岛呈犄角之势，形成大港湾，辖前

---

❶ 乔健、陈国强、周立方：《惠东人研究》，福建教育出版社，1992，第19-30页。

群、前峰、前海、后内、螺山、新桥、东山、南赛东村、南赛西村9个行政村，全境穿惠安女服饰。

净峰镇连接小岞镇，位于小岞半岛的底部，净峰斗尾港口是中国四大中转港之一。港区自然条件优越，渔业资源十分丰富，有始建于唐朝咸通二年（861）的净峰寺、南宋的灵山古寺、明朝的卫城遗址和张岳家庙、清朝的妈祖庙（潮显宫）、美丽的净峰惠女湾等名胜古迹，辖区内有松村、城前、社厝、墩北、墩中、墩南、东洋、洋边、山前、湖街、净北、净南、莲峰、前炉、五群、西头、坑黄、厝头、上厅、塘头、赤土尾21个行政村，目前有19个行政村穿惠安女服饰，五群村和坑黄村没有穿传统惠安女服饰。

以上4个镇是惠安女服饰地理分布，惠安女以其多姿多彩的服饰风情和勤奋朴实的民风民俗，吸引着海内外游客，形成闽南海岸线上一道独特的人文风景线。

二、蟳埔渔女服饰地理分布

蟳埔女生活的蟳埔村位于泉州的核心区丰泽区，属于丰泽区东海街道，地处北纬24°53′，东经118°37′，坐落在晋江与洛阳江交汇的泉州湾北岸，属亚热带海洋性季风气候，年平均气温20.7℃，年平均降水量1200毫米。这个面积仅1.8平方公里的滨海村落，西接后埔社区，东临法石古街，北靠刺桐大桥，南望泉州湾跨海大桥，形成独特的"两江夹一湾"地理格局。蟳埔在明代时称为"前埔"，后因妈祖娘娘生日，晋江洋埭村民联合敬奉一幅缎面彩帐，并把前埔写成蟳埔，村民也认为此地盛产红蟳，用蟳埔命名更为妥帖，因此沿用至今。

蟳埔村作为古代海上丝绸之路的重要起点，其地理位置具有战略意义，其距后渚港仅3公里，距泉州古城区8公里，处于海洋文明与陆地文明的交汇点，地处泉州湾晋江下游出海口，泉州两江（晋江、洛阳江）的突出部，是泉州市三大渔港之一，在元末明初就聚有村落，被誉为泉州历史文化名村。清代嘉庆年间《西山杂志》就有记载："前埔者，蟳埔也……其地指今三十六都临海埔之蟳埔也，元明之际始有村落"。蟳埔村位于古刺桐港港口，是海上丝绸之路的重要港口。蟳埔有座山叫鹧鸪山，当地人又称蟳埔女为"鹧鸪姨"，明代在鹧鸪山上设立"鹧鸪口铳台"，当地渔民称这里的海域叫"枪城口"，控制晋江入海口。康熙年间在临海（今蟳埔社区）设立"鹧鸪巡检司"，负责周边海防以及往来船舶抽收税款。

清代，蟳埔属晋江县三十六都宁海铺蟳埔乡。民国时期，属临海乡、法石乡管辖。新中国成立后分别隶属晋江县三区、四区、池店区、临海乡。1951年，县、市分治，归泉州市管辖。1958年为东海公社管辖，1970年撤销渔业公社，成为东海公社临海大队，1984年为东海乡蟳埔村委会。蟳埔背依鹧鸪山，三面临海。居民皆为汉族，以黄姓为多，其他姓氏如王、郭、陈、蔡等多种姓氏和平共处，繁衍生息。

宋代泉州惠安人谢履在《泉南歌》中写道："泉州人稠山谷瘠，虽欲就耕无地辟。州南有海浩无穷，每岁造舟通异域。"蟳埔村以渔业经济为主，渔业是蟳埔经济的重要支柱产业，全村90%以上的人口从事与渔业有关的活动，包括海洋捕捞、养殖、水产加工、海产品买卖等。妇女主要承担滩涂养蚵和市场经营，男性则大多从事海洋渔业。蟳埔村内还有独特的海洋特色建筑——蚵壳厝建筑群（图1-1-1），现存明代蚵壳厝42栋，使用来自东非、波斯湾的牡蛎壳，墙体厚度达60厘米，壳口向下呈45°排列，形成天然防水层。蟳埔村附近的牡蛎礁地质贝壳砂堤绵延2.3公里，平均厚度达3.5米，这种特殊的地质结构为传统建筑提供了独特的建材。蚵壳厝因其气候冬暖夏凉，不积雨水，很适合海边潮湿的气候环境，而且经济实用，很受蟳埔及周边金崎、东梅、后埔百姓的喜爱，清末民初，家家户户建房子都或多或少使用蚵壳。中华人民共和国成立初期，穿走在蟳埔社区弯弯曲曲的小街巷，到处可见形式各异的"蚵壳"。蚵壳厝墙体使用的牡蛎壳（蚵壳）90%以上源自印度洋沿岸，经宋元商船作为压舱物运抵泉州。不同年代的商船带来的蚵壳分层堆积，明代墙体中可见10~15个沉积层，每层厚5~8厘米。门楣上方常见用白色蚵壳拼出的"万字纹""铜钱纹"，反映海洋族群的财富观，见证了人类如何将海洋馈赠转化为生存智慧。其价值不仅在于建筑本身，更在于揭示沿海族群"以海为材，与浪共生"的生态哲学，为当代可持续建筑提供了古老而鲜活的启示。

蟳埔村内现存规模最大的庙宇顺济宫，始建于南宋绍兴年间，殿内明代黑脸妈祖塑像独具特色。每年正月二十九妈祖"天香巡境"活动中，信众从这里抬神轿巡境。蟳埔村特殊的地理位置，向海而居的聚落形态，形成了独特的服

图1-1-1 蟳埔蚵壳厝

饰习俗，蕴藏着泉州古代海上丝绸之路的遗踪。蟳埔女独特的头饰，如骨针安发、簪花、插梳和插簪，既传承了传统汉文化服饰习俗，又与所处海洋文化融合，在历史的长河中不断传承与创新。

第二节 闽南"非遗"渔女服饰的海丝文化生态环境

一、海上丝绸之路商贸与文化交流

海上丝绸之路是古代中国与外国交通贸易和文化交往的海上通道，形成于秦汉时期，发展于三国隋朝时期，繁荣于唐宋时期。泉州作为古代海上丝绸之路起点城市，是中国历史上对外通商的重要港口，有着上千年的海外交通史。唐久视元年（700）置武荣州，州治设今市区，唐景云二年（711）武荣州改称泉州。宋元时期，泉州港跃居为四大港之首，以"刺桐港"之名驰誉世界，成为与埃及亚历山大港相媲美的"东方第一大港"，呈现"市井十洲人""涨海声中万国商"的繁荣景象。明朝顾炎武说过，"海者，闽人之田也"，丰富的海洋资源、特定的海洋环境、特殊的生产形式和深厚的历史积淀，构成了他们独特的海洋贸易方式。海上丝绸之路，是古代中国与外国交通贸易和文化交往的海上通道，也称"海上陶瓷之路"和"海上香料之路"，这一概念1913年由法国的东方学家沙畹首次提及。中国"海上丝路"分为东海航线和南海航线两条线路，其中主要以南海为中心。南海航线，又称南海丝绸之路，起点主要是广州和泉州。

泉州作为宋元时期"东方第一大港"，其海上丝绸之路的商贸与文化交流呈现出多维度、深层次的互动格局。海上贸易线路分为东洋航线，经琉球至日本博多港；南洋航线，经占城达爪哇；西洋航线，经满剌加（马六甲）至霍尔木兹，波斯商船年往来达400艘次；非洲航线，元代汪大渊《岛夷志略》记载泉州船队直达摩加迪沙，考古发现基尔瓦遗址出土泉州瓷片。

2021年"泉州：宋元中国的世界海洋商贸中心"成功被列入《世界遗产名录》，22处遗产点构成的体系完整诠释了海上丝绸之路的文明交融。宋元时期，泉州城南"聚宝街"聚居阿拉伯商人，采用"前店后宅"布局，形成了番坊社区。蒲寿庚家族掌控市舶司150年，族谱记载与波斯湾30个家族通婚，番商子弟入读泉州府学，元至正年间科举出身的色目人达17人。海丝文明交融不仅体现在物质层面的贸易往来，更深刻影响了思想、宗教、艺术和社会结构的演变。

海上丝绸之路的最初形成是一种自发状态，基于生存的需要出海寻找生路，而现代意义的海上丝绸之路建设，是指更大范围、更高层次文化和经济的交往。国家主席习近平指出，提高国家文化软实力，要努力展示中华文化独特魅力，要把跨越时空、超越国度、富有永恒魅力、具有当代价值的文化精神弘扬起来，把继承优秀传统文化又弘扬时代精神、立足本国又面向世界的当代中国文化创新成果传播出去。海上丝绸之路往来的不仅有商品贸易，还有文化交流，通过商品贸易，中外宗教、制度、科技、文化等跨区域交流，形成文化互鉴、商业互利互惠、合作共赢的生态环境。

二、闽南人口海外迁移，闽南文化海外传播

闽南人有着悠久的航海历史，宋元时期泉州港的繁荣、明代漳州月港和清代厦门港的崛起促进了大量闽南人移居东南亚，明清时期闽南人下南洋移民潮，将闽南文化带入南洋诸岛，形成新的海外移民文化，"下南洋"被称为中国近代史上三大移民潮之一。

闽南人下南洋一般分为民间海上贸易移民海外和官方出使海外。宋元时期海外贸易繁荣，泉州设置了市舶司，郑和七次下西洋就是官方组织的最大的海上丝绸之路经济和政治活动，船队每次都要经过福建等候季风再海征，同时补给船只，征召船员以及购置货物，闽南人跟随官方船队加入海丝之路探索中，同时促进了闽南人在东南亚的海上贸易活动。

马六甲海峡自古以来就是海运通商的枢纽，是南海前往印度洋的主要通道，郑和七次下西洋六次停靠在马六甲（满剌加），在马六甲设立转运物资和存储货物的官厂。马欢在《瀛涯胜览》中描述马六甲的"官厂"，"宝船到彼，则立排栅，如城垣，设四门、更鼓楼……去各国船只回到此处取齐"，[1]一同等候季风返程。马六甲优越的地理位置，成为连接中国、东南亚、印度和阿拉伯国家重要的国际贸易中心。[2]郑和下南洋2万多人的庞大船队驻扎在马六甲，拉动了马六甲国际商贸的发展，同时也掀起了闽南人下南洋的热潮。据福建莆田城关《林氏族谱》载，永乐年间（1403—1424），他们的先人已到泰国经商谋生，[3]福建漳州"土著民醵钱造舟，装土产，径望东西洋而

---

[1] 马欢：《明本瀛涯胜览校注·满剌加国》，万明，校注.海洋出版社，2005，第38页。
[2] 张礼千：《马六甲史》，商务印书馆，1941，第34页。
[3] 福建省华侨志编纂委员会：《福建省华侨志　上篇》，1989，第14页。

去……东洋若吕宋、苏禄诸国，西洋暹罗、占城诸国及安南交趾"。❶

　　明清时期，闽南人主要移居到东南亚，菲律宾的马尼拉、印度尼西亚的巴达维亚、万丹，泰国的北大年，暹罗的大城等地。闽南人因海外闽商的影响力而闻名海外，在东南亚一些英语文献中常被拼写为"Hokkiens"。"Hokkien"特指来自厦（门）、漳（州）、泉（州）闽南"金三角"的闽南人和闽南语，而非包括来自福建福州、兴化和福清地区的闽北或闽东人，后者通常单独归类，以示区别。在菲律宾福建籍人中，以原泉州府的晋江、惠安和南安等县最多，大部分居住于吕宋岛，特别是大马尼拉地区。❷据《瀛涯胜览》记载，十二月"自福建福州府长乐县五虎门开船，往西南行，好风十日可到"占城，"自占城向西南，船行七昼夜……至其国"。❸明朝张燮在《东西洋考》中记载："华人既多诣吕宋，往往久住不归，名为压冬。聚居涧内为生活，渐至数万，间有削发长子孙者"。❹《明史》则载："先是，闽人以其地近且饶富，商贩者至数万人，往往久居不返，致长子孙。"❺清朝徐继畬在《瀛寰志略》也写道，"惟中国之南洋，万岛环列……明初，遣太监郑和等航海招致之，来者益众。于是诸岛之物产，充溢中华，而闽、广之民造舟涉海，趋之如鹜，或竟有买田娶妇，留而不归者。如吕宋、噶罗巴诸岛，闽、广流寓殆不下数十万人"。❻据1939年5月10日出版的《闽侨》月刊统计，世界华侨总人数为6 202 527人。当时福建省旅居海外的华侨总人数为2 249 802人，东南亚闽侨为2 238 300人。据此数据计算，闽侨约有99.5%分布在东南亚各国，其分布情况大体如下：英属马来亚980 386人，荷属东印度806 885人，北婆罗洲27 214人，菲律宾88 400人，缅甸77 438人，暹罗37 600人，安南81 500人。据福建省华侨事务委员会统计，到1955年，海外各地的闽籍华侨华人已达3 676 642人，他们中90%以上分布在东南亚地区。❼闽南籍华侨华人已遍布世界110多个国家和地区，大多来自闽南的泉州、漳州和厦门三个地方。❽闽南人向海洋发展引发闽南人移居海外，自明中叶以后，闽南人大批移居海外导致闽南社会的变迁，使闽南侨乡社会有别

---

❶ 顾炎武：《天下郡国利病书》，上海古籍出版社，1995，第292页。
❷ 林忠强，等：《东南亚的福建人》，厦门大学出版社，2006，第30页。
❸ 马欢：《瀛涯胜览》，商务印书馆，1937，第29页。
❹ 张燮：《东西洋考卷五》，中华书局，1981，第89页。
❺ 张廷玉，等：《明史卷三二三》，中华书局，1974，第8370页。
❻ 徐继畬：《瀛寰志略 卷二》，上海书店出版社，2001，第28页。
❼ 福建省地方志编纂委员会：《福建省志华侨志》，福建人民出版社，1992，第21-24页。
❽ 黄英湖：《东南亚的闽南人与闽南文化》，载《闽南文化新探——第六届海峡两岸闽南文化研讨会论文集》，福建省炎黄文化研究会，2010，第49-55页。

于非侨乡社会。从文化方面来看，闽南人移居海外加强了闽南地区与海外的联系，进而强化了闽南文化的海洋性特征。❶

三、民俗文化多元性的形成

闽南文化是一种移民文化，闽南渔女服饰集闽越文化、中原文化、海洋文化、外来文化等多元文化于一体。闽越文化是指越族入闽后与闽当地土著相互兼容后形成的文化，闽越文化的发展过程实质上是闽越文化汉化的过程，闽越国初期适逢汉朝的发展阶段，也是汉文化蓬勃发展时期，随着中原汉人大规模南迁，闽越文化开始与中原文化融合、互动，创造了闽越文化内陆性和海洋性相结合的文化特质。

历史上中原地区汉人曾经三次大规模移民福建，公元前334年，楚国灭越国，越王族中的一支南奔入闽，同原有福建土著闽族人结合，称为"闽越族"，史称"八姓入闽"，根据《三山志》记载，"永嘉之乱，衣冠南渡，始入闽者八族"，其中有林姓、黄姓、陈姓、郑姓、詹姓、邱姓、何姓和胡姓，这是中原汉人第一次大规模南迁。这些移民带来了中原文化和先进的生产技术，推动了东南沿海社会的经济繁荣、文化昌盛。第二次中原汉人大规模入闽，是在唐光化三年（900），王审知带领中原24姓入闽，开启福建土著与中原文化的大规模融合。王审知主闽以后，大力发展渔业生产，开辟海上新航道，从转口贸易向主动贸易转变，与婆罗、占城、印度、三佛齐、苏门答腊、阿拉伯等进行海上往来，不仅给唐末闽南的经济、政治、文化和社会带来了生机，而且对后来闽南文化的发展产生不可估量的影响。第三次大概是在北宋南迁（1126）时期。北宋末期，因为当时外族入侵，北宋王朝无力抵抗，宋室南渡前后，大量的百姓为了免于外族的统治，都举家南迁入闽。这次南迁，不仅使福建人口大增，而且带来先进的中原文化，对福建文化尤其是闽南文化产生重大影响。从晋末到南宋，中原地区向福建移民的时间长达800多年。在800多年的经济、政治、文化、社会和环境变迁过程中，中原文化对闽南文化的形成和发展产生重大影响。❷

宋元时期，泉州出现多元宗教文化并存的局面，多种宗教在泉州广泛传播，留下大量遗迹。宋元时期由于海外贸易的繁荣，被誉为"东方第一大港"，曾有"涨海声中万国商""缠头赤脚半蕃商，大舶高樯多海宝"的繁荣景象，充分反映了海上丝绸

---

❶ 曾少聪：《闽南的海外移民与海洋文化》，《广西民族大学学报（哲学社会科学版）》2001年第9期。
❷ 苏振芳：《闽南文化融入21世纪海上丝绸之路建设的思考》，《中共福建省委党校学报》2015年第9期。

之路文化互鉴。

惠安崇武古城始建于明洪武二十年（1387），迁入大批来自中原的官籍户（现能查证的有9姓）和来自福建漳州府而原籍也系中原的军籍户（现能查证的有15姓）。据大岞村张岳家庙（此祠堂被国家定为泉州市文物保护单位）碑刻记载，大岞村张姓人家的祖先是明朝时从河南迁徙过来修建崇武古城的，修建完古城后，张姓的三个兄弟就到崇武古城东北面的大岞村定居下来，与当地原住民的女子通婚，并尊重原住民女子的一些生活习性和礼俗，保留了服饰习俗。惠安女头饰具有闽越文化的特征，服装又接受了汉文化的右衽大襟衫。"闽"字为门中有虫，"虫"的本意就是蛇，史学家罗香林在《古代越族文化考》中指出：古代越族之文身，为一种以龙蛇类水族为图腾之遗俗。惠安女服饰纹样中各种形态的蛇纹既传承了闽越文化蛇图腾，同时也承载了闽越族人的物质文化和精神文化。文化是在特定的自然地理和人文地理环境中滋生演化的，生活在八闽大地的惠安女，其服饰装饰风格既传承了古朴的闽越文化、中原吉祥文化、海洋文化，同时又包容了外来文化。

闽南民俗文化的多元性体现出极大的包容性，唐宋时期大量中原人南下移民聚族，使大量汉族古老习俗得以世代相传，自古闽越遗风和异域风情的习俗早已融入闽南人的生活中。有的学者论福建民俗，认为"东南山国"封闭的地理特征，造成了福建民俗的多样化。但闽南民俗的多样化，恰恰起因于开放，得益于文化宽容，市廛杂四方之俗。闽南文化形成于汉晋，成熟于两宋，发展于明清，在近1000年的社会历史演变中，从内陆到海洋，逐渐形成具有地方特色的海洋性多元文化特征。

第二章 闽南"非遗"渔女服饰形制的历史演变

闽南"非遗"渔女服饰按不同形制分为三种地域服饰，一是惠安县崇武半岛上崇武镇和山霞镇惠安渔女服饰。二是惠安县小岞半岛上的净峰镇和小岞镇惠安渔女服饰，统称惠安女服饰。三是蟳埔村蟳埔渔女服饰，又称蟳埔女服饰。通过田野考察、历史资料文献查询，目前只查到关于清代服饰的记载，尚存的实物也只有清代末年的服装，保存较少，主要有两个原因，第一是惠安女和蟳埔女服饰都是民间服饰，面料基本都是棉麻材料的家织布，海边潮湿棉麻容易腐烂不易保存；第二是惠安女和蟳埔女的丧葬习俗，结婚衣服、头饰、鞋子，这些刺绣精美、装饰隆重的服饰都要随葬，目前田野考察拍摄的衣服基本都是日常服装。20世纪是百年历史大变革时期，闽南渔女服饰在服装形制、色彩、工艺、装饰风格等方面也经历了重大变革。

惠安女服饰从清代的卷袖衫、大裕衫到民国时期已经演变为缀做衫，中华人民共和国成立后演变成现在的超短节约衫。裤子是宽筒裤，基本形制一直没有改变，只是不同时期流行的面料不同，如黑棉布裤到黑丝绸裤等。至于饰物，清代流行百褶裙（也称"肚裙"），穿在卷袖衫的里面，民国时期流行穿前短后长背心，肩膀或手腕挽上装物的褡裢。中华人民共和国成立后，流行防污腰巾、袖套，腰带（彩色塑料带和银腰链）及小竹篮等。

惠安女奇特的发饰有未婚和已婚之严格区别，婚后又有盛装发型和便装发型区分，结婚当天梳"大头髻"，也就是结婚礼俗"上头"。随着历史的进程，演变成圆头、双股头和螺棕头、目镜头、贝只髻等；中华人民共和国成立后出现了黄斗笠和花头巾等。鞋则一直保留着拖鞋的习俗，绣花拖鞋到塑料拖鞋，绣花拖鞋有凤冠鞋、鸡公鞋之称谓。通过这些服饰变革的时间可以划分为清代末年服饰、民国时期的服饰、中华人民共和国成立后的服饰。惠东地区流传的两句民谣高度概括了惠安女服饰："封建头、民主肚、节约衫、浪费裤"是对崇武半岛惠安女服饰特征的描述；"裤头脱脱，头插牛骨，腹肚黑漆漆，肚脐亲像土豆窟"是对小岞半岛惠安女服饰特征的描述。

　　惠安女并不是一生下来就穿着奇异服饰，而是有随年龄增长而不断发展变化的适应过程。在十一二岁以下时，一般都穿类似本县其他农村孩子所穿的普通衣裤，但当她们长到十三四岁的时候，对传统服饰便不教自会地产生了极大的兴趣，开始买塑料花或自己动手制作，潜心地积攒头巾，别上珠花。❶惠安女爱"花况"，也就是爱打扮的意思，这也是惠安女服饰习俗一直传承的重要原因。渔女们只要出门都换上好看的衣裤、新头巾，去农贸市场买菜也不例外，年轻的姑娘，往往"不惜工本"打扮自己，绝大部分人有着200~300条各式各样的头巾、20~30套衣裤，还有金戒指、银镯子等，就是头饰也要经常更换，有塑料的、玻璃珠的、毛线制的、尼龙纱的，各式各样林林总总，加上花头巾、黄斗笠及其上面装饰的绢花、塑料花，装扮一下共需30多元，这是中国传统妇女重视"头脸"的写照。❷在20世纪80—90年代，相对其他生活支出，服饰打扮已是不少的费用。

　　蟳埔女服饰主要特色是簪花围发饰；上衣从清代宽松及膝盖的大裾衫演变到现在的收腰合体的大裾衫；清代至民国时期的宽筒裤，现在也逐渐被西裤所代替，老年人依旧穿宽筒裤。在面料上从褐色家织布到现代五彩缤纷的花色纤维面料，折射出不同时代的特征。蟳埔女从小一直蓄发、梳小辫，和周边其他地区装扮没有差异，12岁以后就开始簪花，相当于成人的标志。簪花围是用一根麻线将花朵串在一起，系在发髻的周围，通常选择待开放的花苞，每天感受花朵绽放的过程，一串花围从花苞一直戴到开放，直至凋谢。喜庆节日时戴的簪花一般3~5圈，日常戴1~3圈。蟳埔女除了簪花外，已婚女性还要佩戴各种金发簪、各种造型的发梳，这些发簪是蟳埔女不同年龄不同身份的象征，同时从造型到材质上折射出不同时代的审美特征。

第一节　闽南"非遗"惠安渔女服饰特征及演变

一、清代末年至中华民国初年惠安渔女服饰

　　惠安县文化局编纂的《惠安县文物志》载，1958年，福建省文物管理委员会和惠安县文化馆联合进行文物普查，在崇武镇大岞村的大岞山东坡龙喉岩背面，发现了

---

❶ 陈国华：《惠安女的奥秘》，中国文联出版社，1999，第9页。
❷ 陈国强、石奕龙：《崇武大岞村调查》，福建教育出版社，1990，第176页。

新石器时代文化遗址，此后至1987年，其间又先后进行5次调查采集，又得陶片百余件。这些发现表明，崇武镇在四千多年前已有先民聚居。❶惠安女服饰的历史渊源，目前最早的记录也就在清代末年至民国初年，这种特殊的服饰主要分布在惠安县东部的两个半岛上，一个是崇武半岛，另一个是小岞半岛，这两个半岛上的惠安女服饰形制与装饰有着明显的差异性，崇武半岛大岞村渔女服饰保留最为完整，也是我们通常惯称的大岞惠安女服饰；小岞半岛小岞镇渔女服饰也保存至今，我们惯称为小岞惠安女服饰。惠安女服饰能保存至今，与他们所处的地理环境是分不开的，这两个半岛位于惠安县最东端，而惠安女服饰又分布在半岛最尖端，由于三面环海，地理位置偏僻，半岛上老年人文化水平较低，他们认为穿现代服饰会被嘲笑赶时髦，所以住在村庄里的老人直到现在依然穿着传统服饰，相反，年轻人由于外出读书和就业，认为穿传统服饰是老土的表现，这也是目前传统服饰传承的困境。

崇武镇并不是全镇都穿惠安女服饰，崇武城外郊区渔女穿着传统服饰，崇武城内行政村（靖江、潮乐、莲西、海门、西华）没有此服饰习俗，由此证明传统惠安女服饰是原住民的服装。清代末年，崇武城内男渔民穿对襟汉装，颜色为黑、深蓝，也有白布染红柴汁，出海生产时穿"大裾衫"和"笼裤"，均系白布染红柴汁。"笼裤"是崇武和台湾渔区所特有的，裤筒宽大，船员和渔民款式一样，只是布质量较好，20世纪50年代船员开始穿中山装，商人穿长衫和西装。富贵人家妇女穿衣裙，普通人家穿衣裤，与县城样式接近，没有城外惠安女的特殊服饰，即使城外女子嫁到城内，也经常可见"一家两制"，各穿各的服饰。❷从这点来看，惠安女传统发饰源于当地土著习俗的传承。

（一）崇武半岛渔女服饰

崇武半岛上崇武镇和山霞镇地理位置相连，服饰习俗基本一致。清末民初，崇武半岛的渔女服饰从头饰上可以区分已婚和未婚，服装款式上一样，已婚妇女不留刘海（当地人称刘海为"头毛垂"），蓄长发盘一个大发髻在脑后，这和周边其他汉族女性相差不大，有区别的是发髻上还要罩一个叫"巾仔"的长方形黑色布做的盒装帽子，盛装时在发髻上插满各种发簪和饰品，当地人称梳"大头髻"，大岞惠安女结婚时才梳这种"大头髻"，所以"大头髻"也是已婚妇女的标志。"仔"是闽南语中最常用

---

❶ 乔健、陈国强、周立方：《惠东人研究》，福建教育出版社，1992，第19页。
❷ 陈国强、蔡永哲：《崇武人类学调查》，福建教育出版社，1990，第81页。

的字,如篮仔(小篮子)、厝低低仔(房子低矮)、店仔(小店),也有儿化音的意思,如闽南语的椅仔、箱仔、歌仔戏、帆仔船等,"巾仔"就是指头巾。

清代末年,惠安女上衣穿着褐色接袖衫、下装为黑色宽腿裤,当地人称"汉裤"。由于海洋性气候温暖,惠安女们平时光脚或穿拖鞋,新娘穿的绣花"鸡公鞋"也是拖鞋。惠安女回娘家或回丈夫家,都要挎一个用不同颜色的棉布缝制的长方形的布袋,布袋长约100厘米,宽约26厘米,称为褡裢。早期用蓝布和黑布拼接,中华人民共和国后一般是蓝布和绿布拼接缝制,中间开口,两头装东西,在开口两侧分别刺绣简单的花纹作为装饰,四角有不同颜色的流苏,褡裢将开口的位置放在正中间,两头插进去装东西,当地人称为"插么",提的时候可以手拿住中间开口部位,搭在肩上或挎在手腕上,相当于现在的手袋,用来随身装一些衣物。

1.发饰习俗

崇武、山霞的渔女发饰不同于惠安县其他地区的汉族传统发饰。这个时期崇武半岛的惠安女共有四种发饰,分别按不同身份和不同场合佩戴。已婚盛装"巾仔大头髻",如图2-1-1所示,由巾仔和椭圆形的发髻模组成。巾仔是用一块黑帛做面,里面缝一层黑粗布拼凑的长方形罩,用三根竹子撑着,一半伸出前额,遮住半个脸庞,主要为了挡住面部,不让别人看到,这个地区的女性在生人面前是不能露面的。还有用黑帛做成羊角似的三角形竖于头顶,尖部缝5厘米的红色织带。若是丧偶或父母逝世者,织带则用绿色或者黑色;髻模是头发在脑后盘好后再套上一个发网,伴有假发。盛装时发髻上的饰品有:扁白各一支、头尾档两支、上下股两式各四支、福字两支、梅花带链两支、银插子一支带三条链子,间以各种颜色和样式的绒花,同时用一条五尺(1.55米)的黑丝巾从髻边向后与衣沿等长,巾的两端再用三寸(10厘米)宽的黑帛接上,并用绿丝线绣成各种花纹图案。婚后在夫家日常佩戴没有太多的装饰的"巾仔"。

未婚女孩发饰与汉族其他地区一样,梳长辫并盘在头上,不梳髻,即把头发向后分为三股编成辫子,辫子上扎有红色或黑色绒线,俗称"髻尾",然后将"髻尾"盘于头上,右边挂流苏;五岁以下的小女孩头上戴有"笠遮",它是一种用六七寸宽的长条

图2-1-1 巾仔大头髻

形百褶黑布制成的"帽子",又称"帛仔布",顶上中间还缝有一圆形小红布;婚后常住娘家或者守寡的渔女又是另外一种发式,不梳髻亦不插银饰品或绒花,她们把头髻尾部卷起,一半塞入黑巾里,一半露在巾外,状似一束面线,俗称"褶职"。❶惠安女发饰由来一直众说纷纭,有学者说是居住这里的土著居民遗留下来的习俗,属于百越遗风。秦汉时期,福建的民族称为"闽越",属百越民族一支,古代越人有文身、凿牙的习俗遗痕,惠安女也有文身、镶牙习俗,所以绝大多数学者认为惠安女是越人的后代。崇武地理位置偏僻,明代才开始有汉人迁入,不排除这些迁入的汉族祖先有与当地的妇女完婚的可能性,《福州市水上疍民情况调查报告》上记载:当汉人南下灭掉无诸国时,他们祖先有郭、倪二姓(系无诸权臣)极力反抗,汉人恨之,到处搜捕郭、倪族人,二族被迫逃亡江河,改名换姓以避祸。此后,唐王审知入闽尽杀土著男子而占其妇女,故闽南呼男子为"唐部人",呼女子为"诸娘人",现惠安县仍然这样称呼。❷大岞村居住历史及族谱资料表明,明清时期大都是从福建其他地区迁入的,而这些地区也都没有类似的头饰,可以推测,这种奇特发饰源于当地的习俗,迁入后"入乡随俗"。

2.服装搭配

崇武半岛上山霞和崇武古城外的大岞村的惠安女,至今依然穿传统服饰,上着卷袖衫搭配宽筒裤。卷袖衫又称接袖衫,是以袖子拼接过长再翻卷的特征而得名,如图2-1-2所示,是清代崇武大岞村惠安女上装的基本样式。卷袖衫的样式是立领右衽,领高3~4厘米,领子有绣花装饰,图案包括日常生活场景、花卉、海洋生物等。在物质贫乏的年代,由于常年滨海作业,生活条件艰苦,爱美的惠安女们为了绣花领子在劳动中不易磨损,设计了一种绣花假领子(图2-1-3),这种假领子比真的领子略高一点,在3.5~4厘米,领子上丝线刺绣有各种与生活相关的精美图案,小小的衣领承载了惠安女对美好生活的向往。

图2-1-2 卷袖衫

---

❶ 陈国华:《惠安女的奥秘》,中国文联出版社,1999,第15-17页。
❷ 陈国华:《惠东南奇异服饰人族源管窥》,内部手写本,1983,第11页。

图 2-1-3 绣花假领子

假领子两端设计扣袢和扣子，佩戴的时候直接扣在衣领上，一件平常穿的衣服搭配一条绣花领子就成了盛装，假领子由于刺绣精美，逐渐演变成闺蜜们相互赠送的礼物。

如图 2-1-2 所示的这件卷袖衫衣长至膝盖，直身宽松，下摆张开略呈 A 字形，衣服下摆呈弧形外展。侧缝开衩和下摆外展的弧形设计是为了便于弯腰劳作，但被沿袭至今，现在的惠安女上衣下摆弧度越来越夸张。图中卷袖衫的袖子加长盖过手背，由于当时家织布的宽幅较窄，一般是 60 厘米。袖子和衣服都要拼接，袖子一般在肘部向上的位置拼接，衣身在前后中心线的部位拼接，这也是中式服装的典型结构。接袖还用于特殊的婚俗礼教，结婚头三天新娘是不能露面的，除使用头饰巾仔的乌巾遮面外，新娘还要提袖掩面遮羞，等到婚后第三天，在袖长的一半处翻卷，用布纽固定，便于干活。[1]接袖衫的接袖也可能受清代挽袖女装的影响，但不同于清代挽袖女装的可拆卸性。在花色面料还很稀缺的年代，蓝色是主要配色。蓝色拼接布是大岞渔女们服装的主要装饰材料，袖口背面缀接两块拼合成长方形和三角形的蓝布，卷起的袖口自然露出，另外袖口还贴有 4 厘米宽的黑布并镶饰色线，起到装饰作用；领根下，中线右边饰有一块约 5 厘米的方形蓝布，[2]小小的细节无处不体现大岞渔女们的爱美之心，服装都是手工制作暗针缝制。接袖衫纽扣为红色中式布扣，与黑色面料形成对比，领前 1 粒，肩胛 1 粒，袖窿至腰间 7 粒，固定卷袖 2 粒，共 11 粒，布质多为粗布和苎麻布两种。[3]

如图 2-1-3 所示是大岞渔女的绣花假领子。惠安女刺绣纹样当地流传一句"绣花有花样，牵枝腹内想"，表明刺绣图案在传统基础上自己去创新。从图案主题来看，它包含多场景的生活内容。例如，①人物形象：图案中出现了多个穿着传统服饰的人物形象，有装扮美丽的新娘，有弹奏南音的人，有坐着满载的渔船，他们可能在进行

---

[1] 陈国华：《惠安女的奥秘》，中国文联出版社，1999，第 27 页。
[2] 陈国强、石奕龙：《崇武大岞村调查》，福建教育出版社，1990，第 198 页。
[3] 陈国强、蔡永哲：《崇武人类学调查》，福建教育出版社，1990，第 180 页。

一些日常活动或仪式，还有人骑着自行车，展现某种生活场景或节日庆典。②动物与自然元素：刺绣中出现了鱼、虾、鸡、鸟等动物形象，这些在中国传统文化中常常象征吉祥、富贵和繁荣。例如，鱼寓意"年年有余"；鸡同"吉"，大吉大利，象征好运和勤劳。③花卉与几何纹样：边缘有大量的花卉装饰，色彩丰富，给整体增加了美感。同时，还有一些复杂的几何图案，如连续的结状纹样，可能象征着吉祥、团结或长寿。从配色与工艺来看，整体以黑色背景为主，刺绣部分运用了红、粉、黄、绿等多种颜色，形成强烈的对比，使刺绣图案更具立体感，展现了惠安女精湛的刺绣技艺和丰富的文化象征意义，表现了闽南渔女们的心灵手巧，以及对美好生活的祝愿。

闽南渔女由于一直承担家庭的劳作，常年在海边作业，不同于周边村庄女性穿裙子，她们的下装是传统的宽裤筒的九分裤，称为"宽筒裤"（图2-1-4），当地人称其为"汉裤"。可能是原住民接受中原移民带来的服饰习俗，汉裤之前的穿着样式现在已经没有资料考察，闽南渔女为了便于劳动，也没有裹脚的习俗，在女性以"三寸金莲"裹脚为美的时代，她们被称为"粗脚氏"。宽筒裤的九分裤造型是由长方形箱型结构，沿袭至今。宽筒裤名称主要源于呈直筒状较为宽松的裤腿，这种设计便于活动，适合渔业劳动，特别是在涉水、船上或岸边作业时更加灵活。另外，宽筒裤能够促进空气流通，避免潮湿环境带来的不适，同时在热带和海洋性气候条件下更加凉爽透气。崇武半岛惠安女裤子的色彩一直是整体黑色，腰部拼接蓝色。这种配色是惠安女服饰的典型风格，一个世纪都没有变化，裤脚宽1.2尺（40厘米），裤头大约2尺（约66厘米）宽，缝一道5寸（约17厘米）宽的布边（蓝色）。着装时，裤头插叠于腹部。❶黑色耐脏耐磨，适合海上作业，蓝色部分则可能与传统蓝染布工艺有关。用较厚实的棉麻或手工染织布料，具有较好的耐用性和舒适性，适合劳动场景，但出去做客一般穿绸缎面料的宽筒裤。宽筒裤又称"大折裤"，称呼源于裤子穿着方式。裤型结构上腰围和臀围宽度相同，穿着时在前腹向一边对折，裤腿左右片

图2-1-4　宽筒裤

---

❶ 陈国强，石奕龙：《崇武大岞村调查》，福建教育出版社：1990，第198页。

相同，没有裤侧缝的分割，采用一片对折，腰部用细绳带固定。裤子的腰部较高，高腰设计可以更好地贴合身体，方便系紧腰带，使穿着更稳固，不易滑落。由于裤子前后裆等大，所以不分前后片，腰头拼色不同于裤腿，由于面料幅宽一般不够裆宽，应先拼一块小裆，然后分别缝合前后侧缝，最后拼腰头。裤子采用手工缝制，并且经过传统的染色工艺处理，体现了崇武半岛渔女服饰的海洋性工艺特色。

崇武半岛这个时期的渔女服饰还有百褶裙（图2-1-5）。裙子采用手工染制的黑色布料，表面具有一定的光泽感，是通过植物染色处理的亮布效果，使其更具防水性和耐磨性，和苗族、侗族制作的亮布相似。这个百褶裙不同于我们现在的裙子，不是独立穿戴，而穿在卷袖衫的外面，像一个围裙，裙长大约60厘米，由两块对称的裙片组成，分为前后独立两片，侧缝没有缝合，由腰带上的细绳连接，方便穿脱，目的是在干活时弯腰挡住臀部，两边侧缝不连接，是为了干活时不被束缚。如果是青年渔女，在弯腰干活时没有围系，就会遭受老年人的非议。此外，当时衣服的颜色只有褐红、黑蓝两种色彩搭配，这可能与手工落后，以及和外界少接触有关，在外地普遍使用洋布的年代，这里妇女的衣着还是使用当地盛产的苎麻布经原始漂染的方法，用"红薯莨"反复染晒而成的布料的制成品。[1]百褶裙前后片部分有褶皱，但不是整片裙子，大约三分之二的面积收褶，形成视觉上的对比，腰上拼接大约10厘米宽的白色腰头，也有拼接蓝色腰头。褶裙的工艺精细，全部由手工制作，民国时期已经少见了，这种百褶设计增强了裙子的立体感，使其在穿着时更显丰盈，富有层次感。每片褶皱都通过传统的折叠压制和手针固定工艺定型，以保持其形态稳定。这种百褶裙在中国少数民族（如苗族、侗族、瑶族等）的传统服饰中较为常见，尤其是在南方山区，具有浓厚的民族风格，这条百褶裙展现了精细的手工技艺，同时也反映出其所属文化群体的生活方式和美学追求。

惠安女服饰最典型的特征是重头不重脚，由于一直生活在海边，滨海劳动为其长期的生产方式，平时干活

图2-1-5 百褶裙

---

[1] 哈克：《惠安女服饰与刺绣》，中国民族摄影艺术出版社，2009，第9页。

都是光脚,屋内会穿布面布底的拖鞋,这些鞋都是用一些废布、零碎布自制的,为了防水,鞋底布多层叠加,达到5~10厘米的厚度,也称为千层底鞋。惠安女最隆重、最精致的鞋子是结婚时穿的绣花拖鞋,新娘穿的婚鞋是一种厚底绣花拖鞋,鞋面以红色为主色,鞋头搭配一点黑色,鞋头翘起部分造型似公鸡的鸡冠,被称为"鸡公鞋",如图2-1-6所示,鞋头对应的鞋底上翘,类似清代的官靴底的造型,多用凤穿牡丹、喜鹊登梅等吉祥纹样,绣线的色调采用红、蓝、绿色搭配。"鸡公"也就是指公鸡,在闽南有着特殊的含义,闽南人在下南洋移民潮中,很多青年人到南洋谋生,不管是否在南洋娶外国人为妻(外国妻子称"番婆"),在老家都一定要有一个正室妻子,照顾父母和打理家业。娃娃亲是惠安习俗,新郎如果在海外也不影响婚礼进行,只需抱一只公鸡借代新郎。"鸡公鞋"于结婚当日或头三天穿着,除再逢喜事外,便留到生命最后穿入棺中。

图2-1-6 大岞渔女"鸡公鞋"

(二)小岞半岛渔女服饰

小岞半岛上的惠安女头饰较之崇武半岛,表现更为原始古朴,犹存千年遗风,在惠安县被称为最复杂的服饰。1935年,弘一法师李叔同在净峰寺驻锡弘法时,给高文显信中说道:"净峰……民风古朴,犹存千年来之装饰……"❶。清嘉庆的《惠安县志》,"孝义"篇中"小岞陈氏"条云:"小岞陈氏,其先三山人,宋绍兴中有丞惠安者,卜居小岞,时李文会以执政还乡,沿海筑沙堤以迎之,及李氏替陈氏,颇盛。迄明,有六世同居者。男女业作皆归于公,家长掌之,无敢私蓄私馔。衣服稍美、别藏之。有嘉礼迭服以出。鸡鸣皆起,听家长命。其日所业,无或懈怠。好事者往观。"可见四五百年前,甚至更久远的时期,在惠东地区,就有五世同居、六世同居、男女作业皆归于公的"土著"存在,古朴之风犹存❷。

这一时期小岞半岛渔女服饰搭配是上衣穿着大裉衫、下装为宽筒裤和百褶裙,外系腰巾,平时穿布拖鞋或光脚,结婚或节日时穿一种类似拖鞋的厚底"凤冠鞋",如

---

❶ 新加坡惠安公会:《星洲惠安工会五十周年纪念特刊》,大众印务有限公司,1979,第333页。
❷ 乔健、陈国强、周立方:《惠东人研究》,福建教育出版社,1992,第235页。

图2-1-7所示。小岞半岛奇异的妇女发饰主要指已婚妇女的发饰。已婚妇女的发饰又分为盛装"大头髻"和日常梳"贝只髻",也称"贝八只髻",在资料记载中,是"贝"字旁加一个"八",因为打不出来这个字,所以就分开成"贝八",也有文献直接写"贝只髻"。惠安女婚后有常住娘家的风俗。常住娘家期间,梳单长辫,生育后常住夫家才梳"贝只髻",少女梳单长辫盘在头上,辫尾垂在耳边,称为"髻尾"。

1. 发式习俗

小岞半岛渔女发式可以用奇异来形容,这些奇异的发饰在惠安其他地区是绝对没有的,其历史渊源一直在考究中。目前根据人类学研究资料表明,小岞半岛如此奇特的发饰习俗源于当地的土著(古闽越族的后裔)习俗。由于小岞半岛地理位置偏僻,受外地影响较小,小岞原先是一个海岛,海水潮汐不离,旧称七里湖。1958年,全面围海造田,修建了一条公路,使小岞成为半岛。[1]由于小岞渔女与外界联系较少,所以才能保留独特的发饰并流传至今。

图2-1-7 小岞惠安女装扮

这个时期的小岞渔女发饰分为盛装发饰和日常发饰两种。结婚时"上头"梳"大头髻",因其形状如蒸煮器皿埔缀,又称"埔缀髻",是已婚的标志。大头髻直径约为60厘米,佩戴饰物多达100余件,金属重量约10千克(图2-1-8),发饰中间的发髻模周边插满金属发簪,一般为64根,发髻模中间有小的金属装饰牌,有万字牌、寿字牌、硬币等,插在两鬓的还有刀枪剑斧等武器头簪,传说为了抵御倭寇侵犯,刀枪剑斧成为守护家园必备的武器,"大头髻"后面还有一排金属链条,搭配钩形大耳环。这种发型笨重,使妇女在行走和劳动时不堪重负,有些人年纪轻轻就落发了,所以乡间有"七枝头毛编八

图2-1-8 大头髻

---

[1] 蒋炳钊、吴锦吉、唐杏煌:《福建惠东婚俗、服饰和历史考察》,厦门大学人类学研究所,厦门大学人类学博物馆,1984,第31页。

把"的俚语。❶这种发髻由于体积大,要有几个人帮忙才能完成,只有婚后重大节日才梳妆。

"贝只髻"是婚后住夫家时的日常发饰,因为髻的形状像牛腿和短棍,民间又俗称"牛腿枪""短棍髻"(图2-1-9)。"贝只髻"区别于"大头髻"是去掉了埔缀的外形,换成2根牛白骨,牛骨长约20厘米,宽约5厘米,上宽下尖插入发中,还有个新的发髻叫"发棒",长度约70厘米,发棒上插入杖针和少量银牌作为装饰,以小岞民谣"贝只缚有二尺二,不信竿尺拿来量"为证。惠东女流传的"裤头脱脱,头插牛骨,满腹黑漆漆,肚脐真像土豆窟",就是形容小岞、净峰惠安女服饰。搭配的发饰还有戴在头上的黑巾,系在额头上的面镜,垂在耳朵两侧的刺绣巾仔头(图2-1-10)。

(a)正面　　(b)背面(一)　　(c)背面(二)

图2-1-9　贝只髻

小岞半岛渔女的巾仔和崇武半岛渔女的巾仔是不同的头饰,小岞半岛渔女的巾仔是垂在脸庞左右的刺绣图案装饰物,有遮掩的效果。崇武半岛的巾仔是黑色帽子一样的头饰,而小岞半岛是两片刺绣的长方形绣片,在中心发髻左右用夹子固定,如蝴蝶的两个翅膀。据《惠安文化丛书》民间传说记载,净峰、小岞一带的惠安女是花蝴蝶变成的,她们以蝴蝶为族徽。杨文广征闽南十八峒的传说中就有惠安的蝴蝶峒。

图2-1-10　刺绣巾仔

---

❶ 陈国华:《惠安女的奥秘》,中国文联出版社,1999,第18页。

2.服装搭配

小岞渔女上装大裾衫的基本结构沿袭清代妇女立领右衽斜襟衫,长度超过膝盖,没有崇武惠安女的接袖设计,袖长及手腕,袖口较窄,便于劳作,袖口内有宽5厘米的不同色布贴边,翻折出3厘米的色布边作为装饰,领口到腰部缝几颗铜质纽扣,面料早期是自织的苎麻布,质地较坚硬,这个时期外衣门襟、下摆和袖口不加镶绲工艺,但有蓝色出芽线形镶嵌。小岞渔女大裾衫与崇武大岞卷袖衫相比,装饰较少,面料也是粗布,没有大岞的亮布的效果。

下装为宽筒裤,与大岞、山霞惠安女裤子基本一致,俗称"大筒裤""汉装裤"。这个时期的裤子色彩与衣衫色彩统一,都是黑色或褐色的棉布衣裤,裤脚口宽40厘米,裤子腰头大约65厘米(对折后),腰上拼接一条宽约15厘米,长约65厘米(对折后)的腰头,一般为白色或蓝色,裤脚有锁边装饰,宽窄大约3厘米,翻卷裤脚口,脚口绣有黄色的线迹锁针装饰,男女裤款式一致,经常有混穿现象,穿着时同样将宽腰在腹前对折,用细带系牢(图2-1-11)。

褡裢是小岞渔女走亲访友必备的装物的口袋,当地称为"塞屄"或"萨尾",相当于我们现在的包袋功能。褡裢为长约100厘米,宽约25厘米的长方形布袋(图2-1-12),褡裢正面中间是三条色布拼接,中间一条约10厘米宽,与两边颜色不同,上下尾端由不同色布的拼接布,起到装饰作用,这也是中国传统民间拼布的工艺。在物资匮乏的时期,能在旧物利用的同时起到很好的装饰作用,也是民间智慧的体现,褡裢中间开口装物,开口长约占褡裢的三分之一,沿口绲边并装饰,小岞渔女褡裢没有绣花,四角配不同颜色绒线流苏,中华人民共和国成立后褡裢被小竹篮替代。

小岞绣花拖鞋被称为"凤冠鞋"。清末民初小岞、净峰惠安渔女结婚同样穿绣花拖鞋(图2-1-13),鸡冠在民间也被称为"凤冠",和大岞惠安女的"鸡公鞋"造型相似,换了一种说法。小岞渔女婚鞋以红黑两种色调为主,工艺主要是拼布与刺绣,运用

图2-1-11 大裾衫和宽筒裤

图2-1-12 褡裢

图 2-1-13　凤冠鞋

锁针绣锁住拼布的毛边，起到装饰作用，如意纹、牡丹纹、蛇纹是最为常见的刺绣纹样，鞋底也是用废布重叠钉成5厘米左右，同样是千层厚底，由于红色多为红呢布面料，所以当地人也称其为"呢鞋"。婚鞋也是结婚当天、婚后回夫家和节日喜庆时穿着，平时干活都是光脚。

清代末年至民国初期，服装形制都是传承汉族服饰的右衽大裾衫，上衣形制相同，都是受汉族服装影响，崇武半岛和小岞半岛的服装区别不是很大，仅在细节上有所不同，主要是头饰差别很大，几乎无共同之处，这一点折射出惠安女奇特的发饰是当地土著遗留的习俗，展现出汉族与土著习俗的相互融合。

二、中华民国时期惠安渔女服饰

中华民国时期，随着时代的发展和西方文化对中国的冲击，以及世界文化的交流，近代服饰也产生了翻天覆地的变化，女士旗袍的改良、男子西装、中山装是这一时期最具特色的服装。惠安女在时代变革大潮中也没有落后，繁重的大头髻被逐渐取消，崇武、山霞的"巾仔头"慢慢被目镜头、圆头所代替，净峰、小岞古老的发髻也被圆髻、双股髻代替。渔女服装由卷袖衫过渡到缀做衫，这个时期贴背流行，腰巾取代了百褶裙，裤子依然是黑色大折宽筒裤，但面料棉布换成了闪光绸缎。银腰链原本是男性腰链，在20世纪40年代，由于男性服装迎来了大的变革，西裤取代了大折裤，闲置的银腰链成为女性腰饰，延续至今，成为惠安女婚俗的标志。

（一）崇武半岛惠安渔女服饰

中华民国时期的发饰相比清代末年有所简化，"大头髻"的巾仔被取消，没有了盒盖巾仔遮挡，只留髻模，巾仔棚架上的黑纱乌巾转化为包头巾，髻模上插有4个弧形金簪，像眼睛，因此有了一个新的称谓"目镜头"（图2-1-14）。目镜头也是已婚妇女的发饰，目镜头没有梳刘海，头巾与额头之间的装饰是插上几个不同颜色的长弯梳，弯梳起到梳理固定头发的作用。弯梳材料主要是金银或者镀金金属，天冷的时候要包上一

图 2-1-14　目镜头

条1.5米长的黑巾，黑巾两头用绿色线绣上或机缝上几何图案作装饰，新媳妇进门要送黑巾给婆婆作为礼物，离世后也要戴上入殓。

圆头是由目镜头简化而来（图2-1-15）。目镜头和圆头的区别在于目镜头髻模上有对角4根U形双脚针，乌巾从头顶披下来，缩短至颈部，尾部达到肩上，乌巾两端绣有绿色线迹几何纹样。崇武半岛惠安渔女包头巾的方式类似于阿拉伯民族的头巾，可能是受到当时泉州阿拉伯人的影响，髻模上左右2根U形双脚针，现在老年人一直梳此发饰，少女发辫盘头一直没变。当地关于妇女结婚时送乌巾的民谣为："乌巾罩上头，夫妻通透流；乌巾罩依前，夫妻出人前；乌巾罩依后，夫妻吃到老；乌巾罩平平，夫妻好万年"，可见"乌巾"在惠安女服饰中的丰富的文化内涵，"乌巾"也是新媳妇送给婆婆的必备礼物，而新媳妇送的这条"乌巾"在婆婆离世时也要陪同老人入殓。

图2-1-15 圆头

中华民国时期，崇武半岛渔女上衣结构依然是立领右衽，长度及膝，不同的是胸前和背后增加了一些长方形和三角形缀面拼接装饰，所以称为缀做衫（图2-1-16）。原先的接袖设计被取消，袖长变短至手腕，前胸、后背中线左右边缀做两块六寸方形黑或褐色布，[1]这种长方形的缀面，由一个长方形缀面拼接而成，长方形贴布四个角又装饰了4个不同颜色的三角形花布作为装饰，与领口大三角形缀面相呼应，以前中心线为对称，左右补子缀面不在一个水平面上，上下错落2厘米，结构类似于清代官服的

图2-1-16 缀做衫

---

[1] 陈国强、蔡永哲：《崇武人类学调查》，福建教育出版社，1990，第180页。

补子，以民间朴素的不同面料作为缀补装饰。缀做衫下摆弧度大于接袖衫，内贴边采用不同旧布、边角碎布，五颜六色，这些不经意的色彩露出约0.2厘米作为装饰，体现了惠安女勤俭持家的美德，同时也体现了她们朴素的对美的追求。缀做衫是民国时期的盛装，平时劳动穿的大裾衫没有这样的装饰，就是一种普通家织布。

中华民国时期崇武半岛渔女服装搭配为缀做衫外穿贴背，下穿宽腿大折裤，百褶裙已经少见，外出干活围腰巾。贴背类似于清代的坎肩，是一种多纽襻的背心（图2-1-17），前短后长，是女性独有的外套。前片下摆平直，后片长及臀部下方，圆弧下摆，类似于燕尾服的结构。贴背都是由不同颜色的布拼接而成，立领，领口向下2组一字形布扣，每组3条，这是标准样式，以布扣位置为界限（也是不同颜色面料拼接的界限），基本从腰线向下拼接的部分是没有纽扣设计的。贴背有单层和双层两种，双层贴背可正反面穿，正反面都有纽扣，双层结构既保暖又能穿出不同的样式。

中华民国时期，崇武半岛渔女服饰由繁至简，特别是隆重的大头髻基本被取消，服装最大的变化是由长变短，由宽松向合体转型，贴背在这个时期流行，百褶裙也逐渐消失，以腰巾代替。腰巾比百褶裙短，造型是整片围在腰间，在后腰处系牢，腰头采用不同颜色拼接，蓝色和绿色较多，腰巾颜色主要是黑色和蓝色，腰头两端拼接多个三角形组成的方形装饰，腰带是一个长方形的精美绣片，连接一根细织带，组成一个精致的腰巾（图2-1-18）。腰巾的功能是取代百褶裙，系在缀做衫的外面，既可以防污，也可以保暖，还是一种装饰。崇武半岛惠安女把劳动的服饰都能做成礼服的工艺，爱美之心，随处可见。

图2-1-17 贴背

图2-1-18 腰巾

(二)小岞半岛渔女服饰

民国初期小岞半岛渔女服饰有了巨大的变化,头饰逐渐由繁变简,大头髻、贝只髻慢慢被圆头髻、双股髻所替代,服装由长变短,宽松大裾衫演变成合身的由线绳装饰的大裾衫,贴背合体。不同线绳装饰成为这个时期的主要特征,百褶裙逐渐退出,宽筒裤、腰巾和裙裾依旧保持。

1. 发饰习俗

20世纪20—40年代小岞半岛渔女发型主要有圆头、双股头。随着时代的发展,贝只髻长发棒缩短,演变成一个铜质椭圆形髻垫(扁琶)束住头发、髻企(发簪等)固定发髻,再插上瓜子牌、银角牌等各种饰品,最后演变成圆头髻(图2-1-19)。双股头掺杂在贝只髻与圆头髻中间的一段时间。早期是金银梳、各种银碎插,牛骨有2根、4根不等。在这个时期,钱币成为头饰饰品之一,巾仔头宽度由原有的8厘米增加到20厘米,色彩艳丽,花纹也更加繁复,巾仔垂也由原先的黑色改为金黄色或后面红色的丝织花垂。

图2-1-19 圆头髻

2. 服装搭配

中华民国时期,净峰、小岞渔女的服装上衣逐渐变短,新增多层线绳大裾衫、线绳贴背和袖套,多层线绳条极具装饰效果。民国时期大裾衫长度缩短至腰围和臀围之间,长约60厘米,整体趋于合体,衣领为立领,这也是与崇武、山霞渔女服饰的最大区别。绳条装饰主要是线型装饰,裁剪45°角的斜条布(因为45°角斜丝弹力最大),主要以白色为主,将不同色条排列,色条上再压以不同颜色的线迹装饰,折线和曲线相互交叠成菱形纹和波浪纹,构成独特的线条装饰风格,秩序又不失灵动。镶绳位置有门襟绳、开裾绳、袖口绳,绳条的式样有线条绳、花绳、大小橄榄绳、万字绳等,最多时占整个衣料的四分之一(图2-1-20)。绳条按秩序排列,外围通过绳条组成三瓣橄榄纹、万字纹、吉祥结纹,统一与变化完美结合。小岞渔女上衣侧缝装饰纹样

图2-1-20 线绳大裾衫

第一部分　闽南"非遗"渔女服饰生态环境及历史演变

一直沿袭着清代的侧缝如意纹装饰特点[1]。

线绳贴背纹样与线绳大裉衫工艺一样,图案基本相同,不同的是对襟,线绳装饰的位置沿着门襟一直到下摆,顺延到后片的底摆。线绳贴背作为礼服一直被沿用至今。民国时期的贴背以单层线绳装饰为特色,色彩以蓝色、黑色为主,面料也有绸缎、棉布之分。小岞渔女的贴背和大岞贴背一样,也有单层和双层之分,便于双面穿搭,搭配贴背的还有线绳袖套,与贴背面料、色彩一致,主要花纹也一样（图2-1-21）。

网绣补丁是小岞、净峰惠安女服饰装饰特征。大裉衫和贴背后片肩下有个6厘米左右正方形补丁一样的绣记（图2-1-21）,与传统刺绣不同,其是通过经纬线编织于服装上的,纹样呈网状,当地人称为"网绣",裤子侧缝靠小腿位置也有一个网绣。绣记工艺并不是剪下一个洞然后再绣补上,而是挑花经过经纬纱线织绣在服装的表面上,视觉上像一个补丁绣。色彩以红色、黄色为主色调,搭配少量蓝色、绿色,这也是用来区别小岞半岛与崇武半岛渔女服饰的一个典型特征。

图2-1-21　线绳贴背、袖套

小岞半岛渔女大筒裤款式一直没变,但面料要比之前更加丰富,有黑帛仔、黑密乳等,裤脚没有翻卷折边和拼色,腰头拼接有白色和绿色两种,白色腰头现在只有老年人才穿,绿色腰头一直延续至今,成为标准绿。这个时期裤子侧缝靠后片小腿处有一块正方形的绣记,与上衣一样都是由五彩绒线绣上的,边长大约为6厘米（图2-1-22）。

图2-1-22　网绣大筒裤

---

[1] 童友军:《基于民俗文化多元性的小岞惠安渔女服饰纹样研究》,《艺术生活》2019年第4期。

· 27 ·

三、中华人民共和国成立后闽南惠安渔女服饰

中华人民共和国成立后，崇武半岛惠安女短小的节约衫取代了缀做衫，衣服伴有立体折纹，年轻人开始佩戴花头巾和黄斗笠，老年人依旧梳圆头、包乌巾。年轻人的发饰由原先少女发型单股辫演变成双股辫，当地人称为"中扑"发型，服装搭配是上装节约衫搭配宽筒折痕裤，手提小竹篮代替民国时期的褡裢。由于上衣变短，露出腰线，腰带在这个时期盛行，未婚女性佩戴塑料编织腰带和刺绣腰带，已婚女性佩戴银腰链。日常穿塑料拖鞋，正式场合也穿皮鞋。

"封建头，民主肚，节约衫，浪费裤"，这是对中华人民共和国成立后惠安女服饰的形容（图2-1-23）。"封建头"指的是现代的黄斗笠和花头巾，海边劳作时需防风防晒，原有的乌巾已满足不了劳动的需求。花色头巾是由原先的巾仔演变而来的，随着花布的出现，在美观和功能的要求下，形成了现在的方形对角固定在头巾架上的包系方法，既方便脱卸，又通风透气。原先遮风挡雨的黄斗笠，在惠安女特殊的审美需求下，形成了塑料斗笠花的特殊装饰风格，由最初普通的黄斗笠演变成装饰斗笠，成了婚礼服的重要组成部分。

现在惠安渔女的这些特别服饰都是中华人民共和国成立后才改装的。"节约衫"是1951年土地改革后改装的，在缀做衫的基础上去掉三角形色布和方形黑布镶接部分，胸围和袖管收缩，衣袖长仅至前臂的一半，衣长仅及脐位，衣摆是大弧度的椭圆形。黄斗笠是竹编尖顶加黄油漆，在1958年修惠女水库时，有人先在竹笠上加黄油漆，并在斗笠上安四个绿色塑料扣子，后逐渐流行起来。斗笠在20世纪60年代加上绢花，70年代后又加上塑料花，到80年代花由小到大，更加美观。花头巾装饰，也是1952年民主改革后才由原来的黑头巾改成的。[1]花头巾有明显的地域区别：崇武、山霞一带，多为蓝底白花和绿底白花；小岞、净峰一带，多为

图2-1-23 大岞半岛惠安女现代服饰

---

[1] 乔健、陈国强、周立方：《惠东人研究》，福建教育出版社，1992，第224-225页。

红底白花。红头巾是小岞、净峰女人的专利。[1]

(一)崇武半岛渔女服饰

1.发饰习俗

(1)"中扑"发型：中华人民共和国成立后，年轻女性梳双辫，大岞惠安女在保留传统的基础上适应新的潮流，创造了叫作"中扑"的发型。中扑发型为前半部分在头顶挑起一部分头发，梳一束圆形耸起的独辫，前额留厚厚的刘海，在前额落下一个大大的弧形，剩下的后半部分与后面的2根小辫合拢，再左右各辫两根小辫，发尾一起绑扎紧。"中扑"上一般插绿色塑料弯梳（图2-1-24），也有插2～3把的，色彩以红、黄、绿较多，然后戴上头巾和斗笠。

(2)花头巾：崇武半岛惠安女花头巾由三个部分组成：头巾布、头巾架和头巾上的饰品"缀仔"。花头巾自20世纪50年代开始流行，早期印花技术有限，主要是单色花棉布，以蓝底白花或绿底白花为主，一般是60厘米×60厘米左右正方形布料，围在头上刚好盖过下巴，露出领子和衣襟。由于色彩单一，爱美的惠安女们通过刺绣工艺绣了很多圆形、菱形等小的装饰物，直径一般在5厘米左右，称为"缀仔"，其颜色与头巾色互补，同样以红色、黄色为主色调。在物资匮乏的年代，衣服可以旧一点，但头巾要跟上流行的花色，每个惠安女的花头巾少则几十条，多则上百条，缀仔搭配头巾，每个惠安女同样也拥有上百个。崇武半岛惠安女花头巾还有一个特点，就是事先根据自己头型的围度做好，固定在头巾架上，挂在家里，需要时直接戴在头上。头巾架是先做一个长约56厘米、宽2.5厘米的弓形铁丝架子，相当于现代的发箍，然后缠上毛线，在发箍尾部留一些毛线流苏和头发融为一体。随着面料花色流行不断更新，头巾颜色也越来越丰富。现在的花头巾比较大，已经覆盖到肩部和前胸，尺寸大约为75厘米×75厘米（图2-1-25）。

图2-1-24　中扑发型

图2-1-25　花头巾和缀仔

缀仔的材质也是多种多样，有金属像章、珠绣、线绣、塑料制品等（图2-1-26），缀上缀仔的花头巾成为大岞渔女

---

[1] 萧春雷：《嫁给大海的女人》，海潮摄影艺术出版社，2003，第51页。

标志性符号，同时也是区分大岞和小岞渔女服饰的重要标志之一。头巾上装饰的缀仔最为丰富，造型上有圆形、菱形、多边形、锯齿形，与三角形的头巾形成对比又协调的视觉效果。惠安女的头巾装饰风格"以多为美"，排列方式以对折固定的缀仔为中心线，成双成对的缀仔围绕脸颊开始一直到头巾的底部，一般分3~4组，左右对称。色彩上，早期头巾以蓝、绿色为主，所以缀仔多以红、黄等补色为主。缀仔的形状之多、题材之广令人惊叹。20世纪60年代塑料工业发展，流行塑料缀仔，70年代流行珠绣缀仔，80年代流行毛线刺绣的缀仔。❶

（3）黄斗笠：崇武半岛惠安女佩戴黄斗笠兴起于20世纪50年代。新中国成立前，惠安全县都戴斗笠，崇武城内人也戴，但惠东女不戴，因为以前惠东妇女盘头，没人戴斗笠。新中国成立初期不让妇女盘髻，妇女参加集体劳动时，如1958年惠安青壮年妇女修水库，传统发型和发饰已经不能适应，为了遮风挡雨，便学习其他地区的妇女戴起了斗笠。崇武半岛渔女们改进了斗笠的制作工艺，加入了很多装饰，净峰、小岞妇女戴的那种笠面平直的斗笠原来是男人戴的。❷

崇武半岛大岞、山霞渔女戴的斗笠装饰风格艳丽，是盛装礼仪时必备的头饰，已经超越了挡风遮雨的功能。斗笠外形呈弧形，与福建畲族斗笠造型类似，可能受到其影响。斗笠顶部锥形的部分对称装饰4个相连的三角形的棕片，并用红漆漆成鲜红色，四个角钉上翠绿的塑料扣。斗笠里面的装饰有绢花、绒花、塑料花等，花团锦簇，称为"斗笠花"。这些斗笠花都是惠安女用各种常见的毛线、塑料自制而成。斗笠里面还有夹手绢、夹镜子、夹照片和香囊（图2-1-27）。

图2-1-26　不同的缀仔

图2-1-27　黄斗笠

---

❶ 童友军、卢新燕：《闽南大岞渔女"缀仔"装饰及文化内涵》，《东华大学学报（社科版）》2019年第4期。
❷ 萧春雷：《嫁给大海的女人》，海潮摄影艺术出版社，2003，第43-44页。

惠安女以独特的审美方式，集体创作了属于她们的服饰品，在功能与装饰缺一不可。惠安女结婚时也要备上这个黄斗笠，但新媳妇当天不戴斗笠，因为惠安女有常住娘家的习俗，婚后回娘家和回夫家时才戴上这精心装饰的黄斗笠，成为婚俗的一部分。

2．服装搭配

（1）节约衫：节约衫是指现代惠安女短小的上衣，由于长度短到腰部，袖子短到前臂的中间，使用面料较少，被称为节约衫。随着时代的发展，受西式服装的影响，缀做衫无法适应新时代的审美，伴随着劳动的过程悄然缩短了衣身、收紧了袖口，在缀做衫的基础上，去掉了三角形色布和方形黑、褐红的繁杂镶接工艺。[1]现在的节约衫衣长已经缩短至腰线，细窄的七分中袖，干净利落。节约衫下摆的弧度越来越大，向外弯曲，起翘量一般达15厘米，下摆围度比胸围大20厘米。节约衫下摆如此大的弧度，在工艺上没有采用现代弧形贴边工艺，而是一直沿用她们传统的均匀收褶手工暗针工艺，正面平整，但背面下摆贴边有均匀的褶皱。衣领下延续缀做衫的三角形刺绣装饰，随着头巾越来越大，刺绣的纹样被头巾遮挡，现在已很少绣此装饰，但是依然会拼接一块不同颜色的三角形装饰。节约衫最大的特征是肩、胸裹紧，原因一是她们认为胸部突出是野，[2]二是充分展示象征财富与骄傲的银腰链。新中国成立后，银腰链作为定亲的彩礼，成为身份财富的象征（图2-1-28）。

崇武半岛惠安渔女新娘服装与众不同，为全身黑色套装。惠安女认为黑色是最高贵的色彩，婚礼当天穿黑色节约衫、黑色宽筒裤、戴乌巾、举黑伞。中国传统婚俗通常都以红色为喜庆的颜色，当地人也说不上来起源于什么时间，只说是祖上传下来的习俗，也有传说是怕土匪抢亲，而惠安女有夜婚的习俗，夜里送亲，凌晨到达婆家，于是穿黑色衣服是起隐蔽的作用，逐渐全身黑色套装也演化成现代惠安女的礼服（图2-1-29）。彩色鲜艳的花头巾和金黄色的斗笠成了整个装扮的亮点，黑色套装成为底色，形成强烈的对比。特定的自然环

图2-1-28 节约衫和银腰链

---

[1]《泉州惠东妇女服饰研究》课题组：《凤舞惠安·惠安妇女服饰》，海潮摄影艺术出版社，2003，第84页。
[2] 白璐、郭磊：《惠安女奇特服饰的魅力》，《电影文学》1998年第3期。

图 2-1-29　大岞黑色礼仪服装

境、经济方式、社会结构等因素，孕育出千姿百态的民俗文化，构成人类文化的多样性。

（2）折痕的宽筒裤：惠安女裤子一直保持宽筒裤，裤腰和臀围同一个尺寸，臀围和腰围的差量在腰部叠一个大折，也称"大折裤"。这个时期的大折裤还有一个特殊的工艺，就是均匀折痕工艺，这些折痕装饰来源于面料的更新。新中国成立前的棉麻面料是没有折痕的，只有化纤、丝绸面料有易皱的特点，不易收纳，聪明的惠安女采用独特的来回折的收纳方式，使穿着时形成规律的折痕，她们觉得这个来回的折痕很有立体装饰感，于是上衣、裤子、头巾都采用这种来回折叠的方式。为了让这些折痕持久，早些时候用石板压、搪瓷缸装开水熨烫，为了保持折痕，惠安女们做客都是站着，不敢随意落座以防破坏了裤子的折痕，有了电熨斗以后采用熨烫工艺才敢随意落座（图2-1-30）。裤子前后的折痕都有讲究，前片凸痕类似西裤挺缝熨烫线的效果，后片凹痕顺着人体的结构。这种折叠方式一直延续，包括上衣和头巾，久而久之折痕变成了大岞、山霞惠安女服饰独特的装饰风格。

（3）已婚标志的"银腰链"："银腰链"顾名思义是指系在腰头的银链，起到加固和装饰的作用。银腰链并不是大岞惠安渔女沿袭的传统装扮。20世纪40年代之前，惠安男性渔民有银腰链服饰习俗，民国时期中山装的兴起，银腰链不再是男人必戴的配饰。惠安女银腰链服饰习俗从20世纪40年代后一直延续至今，经历了百年的变革，银腰链逐渐成为女人最重要的服装配饰，相对的股数也比男人佩戴时期要多，一般是5~7股，现在更多的甚至能达到10股，重量达到5千克，银腰链一般不会独立佩戴，都是和刺绣腰带组合佩戴（图2-1-28）。

崇武半岛渔女银腰链由银链条、S挂钩、三角形蜂巢头组成，腰链在后腰的臀部上方，落差为高低错层，接口由

图 2-1-30　大折裤

"鱼钩"与三角形蜂巢头连接，S挂钩系在背后，前面是整齐的腰链，转过身却是银波荡漾、小鱼游动，寓意连年有余。智慧的惠安女还增加了一节"摇头"，目的是调节不同年龄的体型变化，正是这个调节长短的"摇头"形成了自然下垂荡漾的形式美感，成为崇武半岛惠安女银腰链区别于小岞半岛渔女银腰链的典型特征。

银腰链是惠安渔女已婚的标志，为惠安女定亲的聘礼，未婚的惠安女系扎的是编织和刺绣腰带。据萧春雷《嫁给大海的女人》中采访的1959年结婚的阿婆所说，当时夫家给她的聘礼是两股银腰链、银手镯，随着"换金银，活经济"的运动，银腰链都被上交，随之消失。20世纪80年代银腰链作为聘礼重新流行起来，当时的标准是750克银腰链，90年代发展到1500克银腰链的标准。婚后妇女们还会自己增加银腰链股数。[1]

银腰链一般不单独佩戴，搭配银腰链的还有刺绣或编织的腰带。银腰链是盛装时的搭配，干活时不便佩戴，渔女们便通过刺绣、编织各种腰带作为腰间的装饰。银腰链只有已婚妇女才能佩戴，未婚女孩佩戴编织、刺绣的腰带，色彩以红黄暖色为主，纹样图案多为几何纹样、花卉、叶子、蝴蝶纹。腰带成为惠安女服饰重要的组成部分。

（二）小岞半岛渔女服饰

中华人民共和国成立后，小岞惠安女传统头饰越来越简化，年轻女性包花头巾、戴黄斗笠，服装种类有蓝色节约衫、宽筒裤、红色或绿色细花衬衫、红色毛线贴背和绿色线绳贴背，小竹篮代替了褡裢。随着节约衫变短，编织腰带和银腰链成为服饰的重要部分，盛装依然沿袭民国时期的绲边大裾衫和绲边贴背（图2-1-31）。老人梳螺棕头，佩戴银腰链。小岞惠安女同样是未婚佩戴塑料腰带，婚后才能佩戴银腰链。陈国华著的《惠安女的奥秘》中记载：小岞妇女的节约衫，是一种带领向左开襟的"大刀衫"，喜用印有小花纹饰的花布，盛装时还套上对襟外套，俗称贴背，两面均可

图2-1-31　绲边衫和贴背

---

[1] 萧春雷：《嫁给大海的女人》，海峡摄影艺术出版社，2003，第69-70页。

穿用，并在领、袖处绣花缝边，冬天再穿一件红色羊毛背心。❶

1. 发饰习俗

（1）花头巾和黄斗笠：小岞半岛渔女发型不同于崇武半岛，留刘海，头发直接中分后编成双辫，双股辫与周边村女性发型一致。小岞、净峰头巾相比大岞、山霞的头巾较小，为大约60厘米的正方形棉布，对折成三角形包在头上，没有大岞的头巾架，直接在下颌处用别针固定几个褶皱，面料采用红黄色的碎花棉布，也没有缀仔装饰。20世纪80年代还流行一种发辫套（图2-1-32），是装饰长发辫用的，用毛线编织一个长方形的套子，套住发辫用别针固定，为黑色毛线钩织，边缘钩有不同颜色的边饰。斗笠是黄色尖顶平斗笠，没有大岞妇女戴的斗笠那么富有装饰，既没有四个红色三角，也没有花饰。相对大岞渔女头饰，小岞渔女头饰要朴素得多，通过斗笠的形状及装饰就能判断大岞和小岞的惠安女斗笠。

（2）黑帕彩巾：老年妇女盛装发饰依然保留螺棕髻，便装时戴黑帕彩巾（图2-1-33）。黑帕彩巾头饰，是去掉假髻模，用一块彩色的小方巾固定在黑色的头巾上，没有露出头发，这也是为了掩藏老人头发稀疏的特点。黑帕是提前做好后套在头上，以若干个装饰别针固定在头发上。黑帕是一块黑色长方形硬布，80厘米×28厘米，两端装饰各1厘米宽的红、蓝、绿、白四色羽带布条，通过折叠固定做成一个帽子形状，再用别针固定一条红花方巾，长宽约45厘米×45厘米，戴在头上。额头佩戴目镜，额头上方露出来的部分插上彩色塑料梳子。

（3）螺棕头：小岞半岛老年渔女盛装时依旧梳螺棕头（图2-1-34），螺棕头的组成有黑巾、髻模、羽带、巾仔头、面镜、彩梳、塑料花夹等。彩色绣花巾仔头固定在

图2-1-32　发辫套  　　　　　图2-1-33　黑帕彩巾 　　　　　图2-1-34　螺棕头

---

❶ 陈国华：《惠安女的奥秘》，中国文联出版社，1999，第29页。

黑帕上，发髻保留了圆头的髻垫，但不是圆形而是方形髻模，装饰物集中在这个方形髻模上。现在的髻模是做好各种彩色塑料配饰后，直接戴在头上，这个事先做好的髻模又称为"头梳仔"，有"大头仔"和"小头仔"之分（图2-1-35），盛装时佩戴"大头仔"，日常佩戴小头仔"。整个发饰基本看不到头发，头发只起到固定髻模的作用。现在的髻模装饰，主要是各种彩色塑料发夹、塑料彩梳，代替了之前的银饰和铜饰，这些装饰物都是惠安女们自己亲手制作的，以彩色梳子为原料，经过截断熔化加工而成，色彩与形状以蝴蝶为素材。

（4）新娘头饰：小岞半岛新娘"红花球巾"是中华人民共和国成立后，惠安女受到劳动模范表彰时戴红色球花的启发，首创用于新娘的头饰，成了小岞女子结婚的时兴装扮，彻底改变了结婚梳"大头髻"的传统。红花球巾既承担了劳模的表彰红花的作用，同时又是传统新郎的胸花。独特的小岞新娘球花固定在头顶中央，红绸巾两边缀满蝴蝶形夹子，色彩以红、绿、黄为主色调，位置固定到脸颊，就像蝴蝶停满枝条，左右完全对称。领口处用"花片"绾住，以凸显秀美的瓜子脸。玫红色球花长度达到膝盖以下，充满喜庆。小岞渔女新娘头发需经过特别的处理：结婚前两天在头上编无数个小辫，结婚当天"上头"时把所有小辫子拆开，形成满头蓬松的头发，效果和现在的烟花烫发相似，将发尾用红头绳系紧，内卷后系在头上，造成发尾内卷的效果（图2-1-36），然后戴上红花头巾，用自己做的各种塑料发夹固定在头发上，最后还要系一个红色小方巾，像系红领巾一样系在衣领下方。

2.服装搭配

（1）小岞"节约衫"：小岞渔女上装节约衫也是短衫。新中国成立后，劳作时一般穿蓝色化纤布右衽斜襟衫（图2-1-37），小翻领，上衣长度缩短到臀部以上、腰线稍下，秋冬上装和下装蓝色基本一致，夏装上衣颜色为浅蓝色，裤子保持大筒裤，颜色为群青的蓝色。小岞节约衫的袖口借鉴了西式衬衫的开衩袖克夫设计，这也是区别崇武半岛惠安女节约衫的特征之一，上衣下摆没有大岞渔女服饰夸

图2-1-35 小头"头梳仔"

图2-1-36 新娘头饰

张的弧度，各种布绲边工艺被简化成白色线迹，也有加缝金色线迹，但是依然传承了右衽斜襟的传统汉族服装特征。20世纪60—70年代流行碎花棉布制作的节约衫，色彩以红色、绿色为主色。20世纪70—80年代流行红色毛线背心，搭配碎花节约衫，成为当时新娘装的搭配，节日或做客时穿着绲边大襟衫和贴背、袖套。

结构上，小岞下装宽腿裤裤脚没有大岞宽腿裤尺寸大，长度及脚踝，比大岞宽筒裤长，前后裆是斜线分割，不同于大岞裤裆的直线，裤子插一个小裆，裤子依然分三片，左右裤筒各一片，从侧缝对叠，不同于现在西裤四片裁剪，腰头为长方形拼接，蓝色裤子一般拼接绿色腰头。小岞裤子还有一个装饰工艺，就是右裤腿侧缝外绣一块绣记，大小为6厘米×6厘米，手工在裤片上绣好，没有规律的叠痕。

（2）小岞银腰链：小岞银腰链与大岞银腰链结构基本相同（图2-1-38），都是一环套一环的锚链结构，但细节还是有区别的，不同于大岞银腰链斜挂于后臀处，小岞银腰链直接扣合在前腰部，银链头呈方形，并设有类似斧钺一样的缺口，中央镂麒麟纹，具有浓厚的民间吉祥寓意。银腰链是财富的象征，也是已婚妇女的标志，婚后才能佩戴。20世纪30年代之前为男人所专用，由于男人外出赶海，逐渐接受新事物，宽腿裤逐渐被西裤取代，银腰链便被闲置在家。20世纪40年代，随着渔女们上衣变短，腰部露出，男人闲置的银腰链成为妇女的专用，最早是一股银腰链，并附链穗斜挂自然下垂三股，新中国成立后银腰链股数增加到多达10股，平时干活儿只系塑料编织腰带或者刺绣腰带，图2-1-39为小岞、净峰编织、刺绣腰带，色彩以红色、绿色为主色，纹样以几何纹为装饰。

图2-1-37 小岞"节约衫"

图2-1-38 小岞银腰链

图2-1-39 小岞、净峰编织、刺绣腰带

第二节 闽南"非遗"蟳埔渔女服饰特征及演变

蟳埔渔女服饰因受到海洋地理环境、生产习惯、民间信仰以及海丝文化的影响，构成了别具一格的服饰文化。头戴"簪花围"，耳佩"丁香钩"，身穿"大裾衫""宽筒裤"，这是蟳埔女服饰标志性特征。蟳埔女习俗于2008年被列入第二批国家级非物质文化遗产名录。蟳埔女有不同的称谓，有称她为"鹧鸪姨""蟳埔阿姨"。这因蟳埔东北有一鹧鸪山，所在地的妇女便被称为"鹧鸪姨"；蟳埔妇女温柔谦逊，生儿育女后，不是教儿女叫自己"阿母"或"妈妈"，而是要儿女称自己为"阿姨"[1]。蟳埔村位于古老的刺桐港畔，作为海上丝绸之路的起点，其服饰文化受到海洋文化的影响，蟳埔女的发饰是其中最亮眼的一部分，包括簪花围、骨笄、插梳、发簪，这些发饰既是蟳埔女的身份象征，更是蟳埔女海洋文化价值的体现。

"蟳埔女"头饰与泉州近郊东门、北门、南门妇女头髻一样，同属于清代汉族大衫制的发梳大盘髻或称蝴蝶髻。明清期间，早期移居香港的泉漳人被称为"福佬人"，今日"福佬人"的女性传统发式与泉州传统的插花式风格完全一样，可见"蟳埔女"的发型保留了泉州传统的发式，其发式又俗称"粗脚头"[2]。

"行走的花园"是对蟳埔女发饰的描述，蟳埔女簪花发式传承百年，一年四季不分老幼鲜花满头。与惠安女发饰的不同是，蟳埔女平时居家不包头巾，只有老年人才在额头上包头巾，当地人称"番巾"。蟳埔女的传统服装右衽大裾衫和惠安女服装发展演变一致，由长及短，由宽及窄，传统宽筒裤结构基本一致，只是色彩、面料等细节有区别。蟳埔女最具特色的是耳饰，是不同年龄的标志。蟳埔女服饰习俗特色作为具有族群标识的区域文化，其服装形制及工艺、发饰装饰艺术、耳饰身份特质及民俗文化内涵中的海洋特性具有极高的研究价值。蟳埔村由于特殊的地理位置，形成了独特的服饰习俗，蕴藏着泉州古代海上丝绸之路的遗踪。蟳埔女独特的头饰骨针安发、簪花、插梳和插簪传承了传统汉文化服饰习俗的同时，又与所处海洋文化融合，在历史的长河中不断传承与创新。

蟳埔女的上衣为布纽扣的右衽斜襟衣，俗称"大裾衫"。衣的下沿呈弧形，一般是用棉布或苎麻做成，颜色以青色或浅蓝色为主，老年妇女以黑色为主。早期蟳埔女结婚时，要穿用红布做的"大裾衫"，胸前有简单的刺绣，再穿上两边有绣花的对襟

---

[1] 泉州老子研究会：《众妙之门——海上丝绸之路与蟳埔民俗文化研究专辑》，泉州市丰泽区文体旅游局，2004，第19页。
[2] 朱家骏、宋光宇：《闽南音乐与工艺美术》，福建人民出版社，2008，第398页。

衫，再穿上外衣。系上有绣花的腰巾，脚穿一种自制的绣花鞋，因鞋头前端翘起像公鸡的鸡冠，称"公鸡鞋"，底用旧布叠纳而成，鞋面用红布并绣花纹，配以珠绣点缀，而成裤则以黑、蓝色为主，裤筒宽33厘米左右，裤头多用白、蓝色拼接，特殊的是新娘佩戴黑色头巾。

一、行走的花园——簪花围发饰

蟳埔渔女在13～14岁开始梳"螺旋髻"，相当于成人礼，是小女孩向少女过渡的标志，挂耳环、插髻簪、戴鲜花；13岁之前与周边一样梳辫子，扎红头绳，留"头毛垂"（当地人称刘海为"头毛垂"）。中年妇女梳螺旋髻、簪花围、插金簪，既艳丽又稳重大方。老年妇女头饰不求华丽，一般包红色头帕，戴红色鲜花和熟花，以示庄重。蟳埔女所梳发髻为螺旋髻，又被称为"粗脚头"或"树兜"，之所以称为"粗脚头"，是相对于"粗脚氏""三寸金莲"时代而言，由于常年在海边赤脚作业，蟳埔渔女与惠安渔女一样从不缠足，这也是滨海服饰习俗文化的地域特征。"树兜"是当地人认为发髻一圈一圈的造型好比树的年轮，同时又以圆形的发髻寓意婚姻的和睦圆满。

蟳埔女梳头时，先将长发涂些茶油，以便于盘光洁，不易松散，头发不分股，集中成单股以螺旋式团结于脑后。发髻中心横向插一支骨针固定，然后在圆发髻周围戴上几串鲜花围，鲜花围是用鲜花的花苞或花蕾串成花环，少则二环，多则四五环，再以发髻为圆心，圈戴在脑后。鲜花的种类一般有白色或黄色的素馨花、茉莉花、含笑花、玉兰花和菊花等。鲜花围戴上后，再在髻心周围左右对称插上几朵大红、桃红等艳丽的绢花，使整个头上打扮得犹如一座春意盎然的小花坛。盛装时还在发髻上插上各种金钗和梳子（图2-2-1）。

（一）螺旋发髻

蟳埔女发饰由螺旋形发髻和多层鲜花围组成，是闽南独有的发饰装饰，除蟳埔村外周边村镇都没有梳此发式。簪花围习俗渊源一直众说纷纭，有人说是源自宋元时代留下来的阿拉伯人遗风，也有人说源自中国古代风俗。蟳埔女从小就要蓄发，为了盘髻，长大后落发和剪发都要保留下来一起编入发髻中。蟳

图2-2-1 蟳埔女簪花围、各种金簪

埔女螺旋发髻不留刘海，全部盘在脑后，通过横插一根白色的骨针固定，这与我国古代"骨针安发"绾髻发式如出一辙，蟳埔女的骨针安发成为我国传统发饰的活化石。

　　蟳埔渔女螺旋发髻都是自己梳妆，而且如此复杂的发式不用对着镜子并且几分钟就梳理完成，如图2-2-2所示为螺旋髻梳理步骤：①先用骨针（现在基本都是塑料针）将头发从头顶横向分成前后两个部分，前面部分先拧成结挂在额头上，后半部分梳成一个高马尾，用红头绳系紧。②前后两部分头发中间用骨针隔开留有蓬松的余地，不留刘海，前半部分头发全部向后和之前梳好的高马尾合成一股。③合并的一股按顺时针方向拧成螺旋状。④以手背的宽度将上一步拧成一股的头发缠绕在手背上，按在脑后。⑤缠绕成螺旋形的长发，以独

（a）分前后两部分　　（b）前后合并归拢

（c）归拢后按一个方向拧成一股　　（d）以手背宽度绕几圈螺旋状

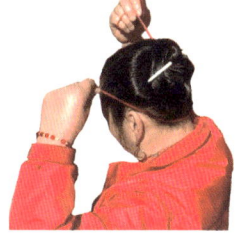

（e）盘在脑后用骨针簪住　　（f）簪花围发髻

图2-2-2　螺旋髻梳理步骤

马尾最高点为中心，抽出骨针穿过马尾弓起来的部分，固定成螺旋髻，发尾用红头绳固定藏进螺旋髻内。螺旋发髻梳理好后，再插上簪、钗、梳、花围装饰，最后完成簪花围头饰。蟳埔女的簪花围是成人的标志，只有等到十四五岁才开始梳髻簪花，标志着长大成人，是传统发饰习俗的沿袭，《中华古今注》卷中"头髻"就有记载："自古之有髻，而吉者系也。女子十五而笄，许嫁于人。"

（二）簪花围头饰

　　蟳埔女簪花围头饰是蟳埔女习俗的重要组成部分，一年四季鲜花满头，被称为"行走的花园"。簪花围是采用四季鲜花通过细绳线穿过花蒂连成一条，围绕螺旋发髻固定，常见的有素馨花、玉兰花、茉莉花、含笑花、粗糠花、菊花等，每一种花串成一条，素馨花、玉兰花、茉莉等白色花蕾作为基础搭配，配以其他紫色粗糠花、黄色含笑花等组成花环，平时戴上2~3串花环（图2-2-3）。节日或喜庆时候，她们要

戴5~7串各种不同颜色的花环。鲜花围还被作为喜庆礼物相互赠送，谁家有喜事，准备上千串的花，分送给双方亲戚已成为当地不成文的习俗。为了供蟳埔女四季鲜花簪发，附近的云麓村专门养花、卖花。云麓村曾经是阿拉伯人蒲寿晟的私家花园——云麓花园，该园种植大量从阿拉伯移植来的素馨花、茉莉花等各种奇花异木。鲜花装饰在当地又被称为"生花"装饰；还有一种是插花装饰，主要是佩戴以绢布、塑料等材料制作的仿生花装饰，在当地被称为"熟花"装饰。

"簪花"一直是我国的传统习俗，是大自然馈赠的最美装饰物。蟳埔女喜戴茉莉花和素馨花，茉莉花是佛教圣花之一。随着佛教传入福建，福州的茉莉花茶一直畅销东南亚，茉莉花的清香自古以来便是妇女们喜爱的簪花。汉代陆贾《南中行纪》就有对茉莉花、素馨花的记载："云南中有花，惟素馨香特酷烈，彼中女子以彩丝穿花心，绕髻为饰。"《乾淳发时记》也有记载："茉莉初出之时，其价甚穹，妇人簇戴，多至七插，所值数十券。"[1] 南宋建阳人祝穆《素馨》诗中有"细化穿弱缕，盘向绿云鬟"，可见南宋已有鲜花串成花围的发饰。玉兰花也是蟳埔女喜爱的花，清初周亮工撰《闽小记》载曰："闽素足女多簪全枝兰，烟鬓掩映，众蕊争芳，响屧一鸣，全茎振媚。"可见蟳埔女簪花习俗源于我国传统的头饰习俗。

（三）各类插梳

蟳埔女头饰不仅仅是簪花，还有插梳和插簪。蟳埔女梳饰有玳瑁梳、骨梳、象牙梳等，梳背镶嵌宝石、雕刻花纹。不同的材质对应不同的年龄身份，少女插彩色鱼形骨梳，一般中老年妇女戴金梳。玳瑁头梳是蟳埔女从出生到终老必备的发梳，出嫁的时候镶上金梳背作为嫁妆，陪伴蟳埔女一生（图2-2-4）。玳瑁梳饰

图2-2-3　鲜花围

图2-2-4　蟳埔玳瑁金梳

---

[1] 王初桐、陈晓东：《奁史》，文物出版社，2017，第1096页。

于汉代就有记载,著名诗篇《孔雀东南飞》中就有"足下蹑丝履,头上玳瑁光"的诗句。插梳沿袭了我国古代梳饰的习俗,唐代诗人王建的《宫词一百首·其云十二》:"玉蝉金雀三层插……归来别赐一头梳";《明史》也有记载:"命妇首饰,一品有珠翠梳,五品有小珠帘梳,六品有珠缘翠帘梳。"[1] 以海为生的蟳埔女,各种鱼形梳饰成为她们必备的头饰,蟳埔女梳饰一般是头顶中央为鱼形梳,左右侧面插玳瑁金梳,寓意年年有余、富贵相伴。

(四)不同身份标志的发簪

"簪"在《辞海》里的解释:"簪,古人用来插定发髻或连冠于发的一种长针。其与'笄'稍有区别,'笄'是固发固冠的细长物"。蟳埔女横螺旋的细长象牙筷就是"笄","簪"是一端插入发髻,另一端装饰的妇女头饰,短于笄,后来又专指妇女插髻的首饰。蟳浦女金发簪是结婚时必备的嫁妆金器之一。蟳浦女发簪形式多样,有凤凰、孔雀、昆虫、花朵形式,有武器如龙纹宝剑、禅杖法器、月牙铲等,还有耳挖勺发簪等。当地人称簪为"针",材料主要是黄金,很少有银簪(图2-2-5)。

蟳埔女发簪与发梳一样有着身份和年龄的标志。已婚中年妇女插一种月牙禅杖形发簪,蟳埔当地称"妻仔针",是一支双股发钗,由钗首和钗挺两部分组成,钗首是蜜蜂与蝴蝶组合搭配的一个月牙形装饰,而钗首中间位置的月牙形装饰代表了蟳埔女的已婚身份。妻仔针是蟳埔女一生必备的一件金器,从月牙状转向圆月状体现了蟳埔女对"圆"的执着追求。当蟳埔女当上奶奶后,月牙形妻仔针要换成节节高的圆圈蒜蓉枝针,寓意着家庭美满、子孙满堂。另外一种老年奶奶簪的发簪,蟳埔女称为"铳针",形状类似禅杖法器。

清末福建多地妇女佩戴宝剑簪,福州最具特色的"三条簪"头饰也是三把剑形簪,直插和斜插螺旋髻,惠安女也有剑形发簪,但没有明确史料记载,闽南也有八仙传说,宝剑簪是否来源于八仙过海吕洞宾的法器尚不明确。"宝剑"的装饰,有人说是防倭寇,与蟳埔村当地地理环境相关,蟳埔村地处泉

图2-2-5 各种发簪

---

[1] 王初桐、陈晓东:《奁史》,文物出版社,2017,第1086-1087页。

州入海口，村内的男子世代以出海维持生计，早年间海上许多海盗劫道，出海的村民为了保护自己，一般都会准备好一些武器。随着海盗的没落，这些武器也无用武之处，但却渐渐地成为一种文化，融入蟳埔女的发饰装饰中。如图2-2-6所示，从左到右依次为妻仔针、铳针、宝剑针。

二、不同身份标志的耳环

图2-2-6 妻仔针、铳针、宝剑针

蟳埔渔女一生至少拥有三件不同标志的黄金耳饰，未婚时佩戴圆圈形耳环，结婚后佩戴丁勾耳环，老年时佩戴老妈丁香耳坠，都选用黄金作为原材料，因为她们不喜欢银饰，只有亲人去世时才佩戴银簪饰，马来西亚娘惹一直保留这种习俗。

圆圈形少女耳饰，以光面黄金圆条为主材料。做成的圆环造型简单，没有镌刻花纹。丁勾耳环是已婚妇女的耳环（图2-2-7），也是蟳埔女人生中最重要的三件金器之一，另外两件是镶金玳瑁发梳和蜂蝶妻仔针。丁勾耳环由素馨花头和丁勾形耳坠构成，两者组合成一个圆形的花苞状，丁勾耳坠的末端镌刻了一个螺旋纹。

图2-2-7 丁勾耳环

蟳埔女做了奶奶之后佩戴的"老妈丁香耳坠"（图2-2-8）是蟳埔女另一个独特的身份标志。"老妈丁香耳坠"可以分为两个部分，第一个是带有素馨花装饰的金锭部分，整体形状似圆柱状；第二个是圆钩部分。佩戴"老妈丁香耳坠"要依照传统习俗，挑选一个黄道吉日并由家中长孙替奶奶戴上这枚象征着身份和地位的耳饰，寓意着圆圆满满，金锭朝下，保佑子孙安定。

图2-2-8 老妈丁香耳坠

三、蟳埔渔女服装

（一）清代末年至民国时期的服装

蟳埔村毗邻泉州港口，独特的地理环境和日常生活方式造就了服装的特殊结构，蟳埔女的服装大多轻便短小，方便折叠清洗，适合劳作。清代末民国初年蟳埔女服装标准搭配：上装"大裾衫"，下装"宽筒裤"，头戴"簪花围"，大裾衫衣长及膝，整体为斜襟右衽款式，门襟与盘扣皆为同色布条所制，衣服下摆为弧形。"宽筒裤"为汉裤形制，裤腿宽大，方便在海边劳作时卷起裤脚。还有一种最具滨海劳作特色短裤，叫"仗仔"，可穿着挖海蛎，与对襟上装"红衣"搭配成"讨蚵装"。

蟳埔女的日常服饰从已有的记载来看，最早可以追溯到清末民初，那时候，蟳埔女服装受清朝服饰的影响，整体服装以宽松肥大为主。上身所穿大裾衫为中国传统的右衽立领结构，衣身宽大，衣长及膝，衣袖部分做接袖处理，前后片中缝线有拼接处理，颜色主要为暗色系，这与当时的印染条件有很大关系。

1. 大裾衫

清代末年的闽南渔女服装结构基本相同，都是右衽大襟，蟳埔女大裾衫的衣长及膝，斜襟右衽盘扣，门襟有同色布绳边，连身袖十字形结构，前后中心线拼接，为了让衣物耐风化日晒和海水侵蚀，蟳埔女还曾一度就地取材，流行用荔枝树皮取汁染成紫红色做上衣，门襟和下摆弧线绲其他不同颜色的色边，边宽是由窄变宽，大约1.5厘米宽，黑色绲蓝色边居多，基本形制没有变化（图2-2-9）。

2. 宽筒裤

蟳埔渔女宽筒裤和惠安渔女一样为大折宽筒裤，腰围一般和臀围相同，裤脚围同时也是裤腿的宽度，腰头拼接15~20厘米宽的双层布面，长度与臀宽一致，颜色一般为黑裤白色腰头、黑裤蓝色腰头，裆部加深，在对裆部的处理上，以三角形插片连接两条裤腿，给裤子保留了最大限度的空间量和活动量，穿着时，在腹部将多余的量对折用细带系牢（图2-2-10）。

图2-2-9　清代末年大裾衫

3. 讨蚵装

"讨蚵装"由对襟上装"红衣"和特色短裤"仗仔"组成。"红衣"是蟳埔渔民劳动时穿着的服装，由于通过薯莨染

图2-2-10　黑色宽筒裤

成赭红色,所以当地人称其为"红衣",也称"讨蚵装"。棉麻纺织物时代,东南沿海渔民为了解决棉麻遇海水易潮易腐的缺陷,发现了薯莨汁具备防腐防潮的功能,最先运用到渔网、船帆的染色,后来延伸到海滨作业的服装中。随着易干和不易腐烂的化纤面料出现,"薯莨染"红衣逐渐成为历史,现在蟳埔村基本没有人穿"红衣"了。

清代至民国初期的男女上装都是长袖斜襟大裾衫,但门襟方向及细节有所不同,民国后期演变成对襟长袖衫,下装搭配宽裤筒短裤,男女款式也有所不同,不管是男装还是女装,其结构功能都是适应海洋环境的劳作需求。清代蟳埔"红衣"男女上装都是斜襟衫,传统汉族服装的十字形结构特征,挖领连袖,男女款式大致相同,只是在斜襟的方向和细节有所不同,男款"红衣"上装是立领左衽斜襟衫,不同于男装日常对襟衫款式。由于"红衣"是渔民滨海劳动时穿的工作服,海上风大浪大,斜襟主要是起到挡风保暖的作用,而且劳作时斜门襟纽扣不易挂住渔网。男款布纽扣位不同于传统女装大襟衫的腋下侧缝扣位,而是在前片四分之一处,介于对襟与传统大襟之间,既起到保护功能,又不失男性的阳刚,形成了独具特色的男装款式。男上装共有7粒一字形布扣,分别是领口1粒,门襟6粒。通常服装是压门襟缝扣襻,被压的门襟是固定纽扣,但蟳埔"红衣"与之不同的是纽扣缝在掩面大片门襟上,而扣襻缝在小片的中间部位,左右腋下侧缝各开一个开口直插口袋,方便装物。"红衣"的下装都是搭配短裤,男女一样都是长及膝盖的宽裤筒短裤,臀围和腰围尺寸一致,臀围和腰围的松量通过叠折叠用绳带固定(图2-2-11、图2-2-12)。

民国时期"讨蚵装"上衣形制为立领对襟长袖(图2-2-13),男女款式不分,衣服胸围与下摆同宽,整体服装呈一个宽H造型,衣服左右侧缝处各装有一个插袋,插袋造型多为椭圆形结构,将当地特有的"薯莨"作为染色材料,薯莨根块中富有的单宁及胶质具有防腐、防水、爽肤不黏身的功能,反复浸染,达到防水防晒、耐穿不易破损的效

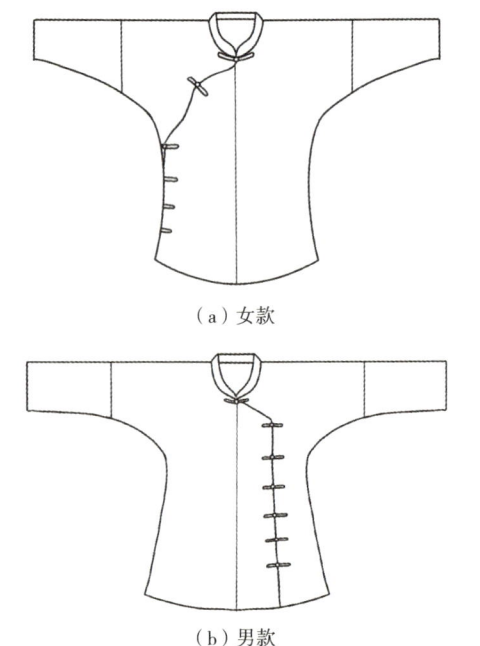

(a)女款

(b)男款

图2-2-11 女款、男款"红衣"结构

果，薯莨作为沿海地区特有的植物，早在明代就已被沿海地区的舟人捣烂来染衣及渔网，使用薯莨染色的方式恰巧体现了蟳埔女服饰习俗中的海洋地域特性。

"讨蚵装"的下装为一条三角形插裆的短裤，在当地闽南语称为"仗仔裤"（图2-2-14）。三角形插裆造型是为了满足蟳埔女日常蹲下劳作时具有足够的空间量，因此整条裤子的造型显得肥硕、不修身。"仗仔裤"一般长及大腿中段，裤子整体呈左右对称的造型，裤口宽大，裆部肥硕，腰头为高腰造型，右侧不缝合，配有绑带用以固定裤子。其符合当地海洋生态环境的需求，满足蟳埔女在海边作业时海水浸泡及风吹日晒的工作环境。而薯莨作为服装染色原料，其历史最早可追溯到明代，弘治十六年（1503）修成的福建《兴化府志》（兴化府为今福建莆田一带）中有一种叫作薯瓢或薯莨的染料，被当地海边的居民捣烂用来染衣及渔网，据说可以耐雨水。而后人发现经薯莨染色的织物可达到长时间防腐防水的功效，便将薯莨作为一种特色的染色原料。

图2-2-12 清代"红衣"

图2-2-13 "讨蚵装"

图2-2-14 "仗仔裤"

（二）中华人民共和国成立后蟳埔渔女服装

中华人民共和国成立以后，蟳埔女大裾衫在原来的基础上缩短至臀部，不同于惠安女的节约衫。20世纪60~70年代，蟳埔渔女上装的用色开始变得清新一些，传统的黑色和蓝色也有，但多为年纪较大的人穿着，年轻人则会选择明亮一些的颜色。20世纪80—90年代，错位上下拼接衫与惠安女节约衫特征一致，在前中心线的位置通过不同颜色错位拼接，左边比右边高2厘米（图2-2-15），大裾衫领口为汉服传统的立领，上衣下摆为弧形设计，背面同样是错位拼接。蟳埔女上衣在腰部的处理采用了收腰加开衩的设计，收腰是为了使服装更加服帖，开衩的处理则是为了更好地满足日常劳作所需。

20世纪90年代以后，市场上的格子布、碎花布成为蟳埔女最时髦的选择（图2-2-16），圆角立领依然保存，斜襟采用纯红色斜丝绳边装饰，搭配盘扣，下摆为弧形设计；老年妇女喜欢穿大红或粉红上衣，没有绳边装饰（图2-2-17）。蟳埔女上装色彩丰富，下装宽筒裤一致，没有变化，但由于现在人们不下海劳作，基本都已穿西裤，"红衣"和"仗仔装"现在几乎没有人穿着了。

图2-2-15　拼接式大裾衫　　　　　　　图2-2-16　花色大裾衫

泉州有首赞美蟳埔女的民谣"漂亮的蟳埔女"：蟳埔阿姨爱戴花，瓠橹换冬瓜，冬瓜好科汤（科汤：煮汤），有粟换粗糠。粗糠好旺火，龟换粿，粿好吃，虾不捉，鱼粥绿豆，水龟换海鲎。海鲎水里凫（泅），红龟结石榴，石榴嘴狭狭，棕衣换斗笠，斗笠好遮雨，猪肠和猪肚，猪肚焗莲子，人人吃了真欢喜。古今有美女，不值蟳埔姨。另外，还有一首"蟳埔妇女四爱"民谣：专担软扁担，专穿茨榔衣（或两接衣）。专梳圆头髻，专插牙骨筷。❶反映出蟳埔女的服饰特点。

"蟳埔阿姨"所戴的鲜花，来自附近一个叫云麓的花村，这个花村一直提供鲜花给蟳埔女们，这个花村的前身，是宋末明初阿拉伯人、泉州提举市舶司蒲寿庚之兄蒲寿晟的私家别墅—云麓花园，而素馨花、茉莉花等都是从西域引进的。泉州城里，"蟳埔姨"渔女，穿着传统的特殊服饰，戴有大笠，挑着担子卖牡蛎，她们如果不穿着传统服饰的话，我们就以为她是冒充的，她的牡蛎就不好，一

图2-2-17　红色大裾衫

---

❶ 泉州老子研究会：《众妙之门——海上丝绸之路与蟳埔民俗文化研究专辑》，泉州市丰泽区文体旅游局，2004，第235页。

定是要穿那样式的衣服的人来，她的牡蛎才是好的。这种族群识别的观念，是族群关系结构最明显的表现。换言之，这是一种藉服饰的差异，以分别不同群体的做法；不同的服饰用以族群交易关系上是一种判别的"商标"，在族群互动上是一种辨识，在族内则是一种认同。❶

第三节　闽南"非遗"渔女传统婚俗及礼仪服饰

婚俗文化是一个民族或一个地区发展的缩影，并受其所处时代或时期的政治、经济等因素所支配，承载着这个地区所特有的文化内涵和历史积淀。闽南渔女也是如此，其独特的民俗文化不仅展现在日常着装上，更反映在独特的婚俗文化方面。在惠东有句俗话，"人生三大事，结婚、生子、做因公（爷爷）"，三件大事中，婚事是头一桩。从这句话便可看出惠东地区对婚俗的重视，其婚俗服饰自然也在讲究之列。自古以来，婚服作为女性服饰中最华贵的一种，最能体现当时精湛的工艺、独特的服饰审美特点及文化内涵。

一、惠安女传统婚俗及服饰

惠安女的婚俗与其特定的历史和特定的地域政治、经济相关联，婚礼服饰作为反映其婚俗文化的重要组成部分，其内容积淀着中华民族民间智慧的精华，客观反映了人们的生活生产方式和劳动水平。传奇式的优美和传奇式的忧伤组成了活脱脱的当代惠安女。❷惠安女传统婚俗礼数流程：合婚—压定—聘礼—开剪、和床—上头—开脸—入门—吃茶—返厝—探井—大重走—小重走—常住娘家，崇武半岛婚俗礼数都与服饰相关联。

（一）合婚（压圆）

崇武半岛渔女早期婚俗一般是同样服饰与习俗的区域内通婚，崇武城外、山霞镇各村通婚，与区域外通婚较少。❸崇武和山霞"父母之命、媒妁之言"的婚俗一直延续到20世纪末，当地女孩一般5~8岁就开始订婚，双方父母同意后，第一个礼数就是合婚，也称"压圆"，男女双方将孩子的生辰八字用红纸写好互相传给对方家长，放在神佛或灶君的香炉底下，如果三天里双方家里一切顺利，没有打碎什么东西，就算合

---

❶ 乔健、陈国强、周立方：《惠东人研究》，福建教育出版社，1992，第9页。
❷ 陈国华：《惠安女的奥秘》，中国文联出版社，1999，第57页。
❸ 陈国强、蔡永哲：《崇武人类学调查》，福建教育出版社，1990。

婚了，否则称为"缺圆"。

小岞半岛同崇武半岛渔女的"压圆"习俗一样，但相中后不是交换生辰八字，而是交换手帕，双方把手帕拿回家放在灶君神像下压着，三天内如没有不好的事情发生，也没有打碎碗碟等，就说明神明已经默许这门婚事。小岞半岛同姓不通婚。

（二）压定

"压定"就是双方父母进一步确定这桩婚姻，男女双方选择吉日互赠钱物，男方送钱，女方送物，分送邻里乡亲，意思是宣告子女互定亲家。压定基数一般是8和2，8字是发，2是成双，都是吉利的数字。20世纪50年代初崇武半岛惠安女定亲有2.2元，8.2元，70年代28.2元，90年代328.2元，❶此外还要送女方一套衣服和丝线扎的花。

小岞半岛与崇武半岛不同的是，还有1千克糖和30元钱，生辰八字有送有不送。婚事定下以后，不同于崇武、山霞的相互往来，小岞半岛两家在结婚前都没往来。

（三）聘礼

聘礼是结婚前男方送往女方的礼物。20世纪80年代，崇武半岛惠安女婚俗为男方聘礼：赤金8钱（做戒指和项链）、8~9股银裤链一条、手镯2个重200克、黑色衣服4套；崇武半岛渔女结婚礼服是黑色套装、黑色头巾、手表1只、人民币2000元，同时确定结婚的日子。小岞半岛惠安女聘礼也是带8或2，20世纪70年代是一般是62元，如果有送衣服，一般是28元，另上头衣服加上三套外衣，银腰链，银手镯，20世纪80年代盛行多股银腰链。

（四）开剪、和床

聘金送达后，结婚前男方家要择日"开剪"和"和床"，一般在婚前5~7天举行，开剪是指开始制作结婚穿的衣服，崇武、山霞惠安女结婚衣服都是自己做，小岞、净峰是请师傅做，选定好日子和开剪人，都要选择吉日和有福之人（必须是结发夫妻而且家有男孩），将买好的面料剪下一个角，同时还要放鞭炮，这一仪式要在祖厝内进行，还要烧金箔（涂上金色的纸钱）。小岞半岛渔女是请师傅做，媒人从女方家拿一套衣服让师傅比照尺寸，套数根据各家条件商量确定，与崇武半岛不同的是新娘和新郎各做一套白色内衣，俗称"上头衣"。上头衣结婚当天穿，第三天后要收起来，平时不能穿，只有家有老人去世送葬时才能穿，一直保留到离开人世时入棺再穿。

和床是把新婚床安置好，又称"安床"，崇武半岛和小岞半岛习俗一致，床脚在

---

❶ 陈国强、蔡永哲：《崇武大岞村调查》，福建教育出版社，1990，第215页。

垫上8块砖头的同时垫金箔和2枚银币,同时要烧香,安好床请男孩滚床,意为早生贵子。

(五)上头和开脸

上头是结婚当天新娘梳的头饰,俗话说"三十岁未上头还是团仔",上头就是为人妻的标志,天没亮就开始上头,梳大头髻,请生肖相合、子孙满堂的有福之人,为新娘"上头",梳时三下口念"三下前、吃的闲""三下后、吃到老",男女双方都要"上头",梳前后三下,我们已详细讲解了惠安女"上头"的发饰,这里就不再赘述。

"上头"结束后要"开脸",也称为"绞面"。"开脸"是先在脸上涂上白粉后用细线在脸上滚动,将汗毛绞掉,这寓意别开生面,婚姻幸福美满。新婚衣服过筛过火内外各筛三下,崇武半岛惠安渔女穿一身黑色绸衣裤,腰系银腰链,撑黑色雨伞,穿厚底绣花鸡公拖鞋(图2-3-1)。

小岞半岛在传统婚俗服装与崇武半岛不同。小岞半岛新娘是色彩鲜艳靓丽,冬天是红色毛线贴背,搭配绿色碎花节约衫,线绳袖套,蓝色宽筒裤拼接绿色腰头;夏天穿红色细花节约衫搭配绿色线绳贴背,银腰链搭配彩色塑料丝编织腰带,玫红色花球巾最为耀眼,撑红色油纸伞,与崇武半岛渔女黑色套装、黑伞的习俗完全不同。新娘的耳朵、脖子、脚腕、手腕、十根手指全部挂满亲朋好友赠送的黄金饰品,腰上缠绕着银腰带(图2-3-2)。

图2-3-1 大岞惠安女出嫁(哈克惠女影像)

(六)入门

惠安女早期做花轿有哭嫁的习俗。崇武半岛惠安女新娘要在正午前到达男方家,清代至民国时,惠安女还有半夜出嫁,天亮前赶到婆家的习俗,到达男方家后由牵新娘的人带一个小男孩一同请新娘出轿,新娘上轿会脚踢花轿,以示将来当家不受欺负,所有新娘鞋也称

图2-3-2 小岞惠安女出嫁(惠女家园李丽英拍摄)

"踢轿鞋"。新郎也要踢花轿，后来没花轿新郎也要踢三下房门，也是要表示将来的家庭权威，都是在给对方下马威。

小岞半岛新娘是下午出嫁，新娘穿戴整齐后，就吃下一碗"米丸"。在两个伴娘和两个花童的簇拥下，跨过事先点燃的炭炉，就表示出嫁了。两个伴娘走在新娘两侧并帮她撑起一把红伞，新娘从娘家出门后，女方的男性亲朋不参与送亲，参与送亲的女性亲朋一直把新娘送到夫家，女方不置办酒席。

（七）吃茶

婚后三天不能出房门，三天后给新娘送来食物，称为"新人物"，吃完"新人物"开始拜见公婆，送公公一条围巾，送婆婆一条黑色巾仔，给男方家人敬茶，给亲戚送花和糖饼，算是和婆家人见面。

（八）返厝

新娘在第三天敬完茶后就要开始返厝，闽南人称房屋为"厝"。当天与娘家来接的女伴一起回家，黄斗笠也是回娘家才戴，结婚当天不戴黄斗笠，这是婚后第一次回娘家，但晚上男方还要派女眷将新娘接回婆家，进行"探井"，也就是熟悉环境，知道以后家务活在哪做，第一次挑水还要将"缘钱"撒入水井和水桶内，祈求将来有好人缘。

（九）重走

新娘第三天晚上回娘家，第四天一早再次返回娘家，叫"大重行"，傍晚再回夫家，第五天早上再回娘家，叫"小重行"，在娘家住2~4天后，再次去夫家住2个晚上，然后就开始常住娘家，农忙和过年过节才回夫家，直到有了孩子才能常住夫家，每次回夫家都要像结婚一样盛装打扮。

二、蟳埔传统"夜婚"婚俗及服饰

据蟳埔村老人会黄会长介绍，蟳埔女现在还保留着"夜晚嫁女"的习俗，整个婚礼过程可以持续14天。在闽南地区，人们讲究属相的相生相克，白天新娘子在前往夫家的路途中难免会遇到一些与自己生肖对冲的人，称为不被"做寇"，大崇武半岛惠安女在清代至民国时期，一直是夜婚，在夜晚时分出嫁，凌晨到夫家。

蟳埔女订婚时，男方要择日，备好金饰品（丁香耳环、戒指、手链等）约100克，人民币2万元左右，还有大小花包、糖果、饼干、水果、饮料等，由男方组织一帮亲友，沿大道送往女方家。同时还要向全村亲友（包括女方亲友）分送鲜花（每户2~3串）和熟花以及订婚糖。结婚前一个月，男方还得备上成千串鲜花、熟花分赠全村妇女。鲜花并不能一日买齐，只能今日10支，明日20支，陆续订购。花分生花和熟花，大自然有生命的新鲜花卉称生花，塑料、绢质的人造假花称为熟花，鲜花种类有黄菊、白菊、含笑花、茉莉花、素馨花等。[1]

蟳埔婚俗的送花时间，通常在喜事之前，如订婚在十二月，但九月时花的品种、数量较多，九月就可以把花一家家、一支支地送过去，可见蟳埔女簪花围不仅仅是头饰，和金银首饰一样还是婚俗中重要的礼品，而且订婚、结婚反复赠送，在物资匮乏的年代，送花围都要花费几千元，着实是一笔不小的支出，可见，簪花围在蟳埔生活习俗中的重要性。

（一）压圆

泉州传统婚俗礼数基本一致，都是父母之命、媒妁之言，蟳埔渔女和惠安渔女都是八字合婚，必须提供双方的出生年月日时，由算命大师进行占卜双方的生辰八字能否相合，相合才能进行下一步议聘礼、定聘，聘金的多少、聘礼需要准备什么物品，婚后新人的住处，男女双方应该准备的物品等事项进行协商。

（二）择日

择日分为选定订婚的日子和结婚的日子，闽南当地喜好单数，认为单数为"进"，有进财、高升之意，但在结婚时却一定要选择双数的日子，商量订婚和结婚的日子的仪式要选择单日进行，订婚和结婚当天的日子是双数。

（三）纳采

男方备齐双方商定的聘礼，聘礼普遍是聘金、首饰、猪腿、面线、糖果、鲜花等，聘金和惠安女一样带8和2字，如82元，820元，现在一般是12000元，其中1000元专门卖花送亲戚，女方家要为新郎准备女婿鞋袜及男家父母鞋，随嫁妆送到男方家，东南亚娘惹地区一直保持这样的习俗。

送盘担，即送聘礼的时间要以结婚日期为标准，看看结婚之日的前三天、前五天或者前七天哪一天为吉日，所以称为"七日盘""五日盘""三日盘"。女方对礼品不得全收，留下一半，一半回礼给男方，礼尚往来。"盘担"一到女方即送嫁妆，有灯笼、箱子、桶、花、时钟、镜子和被子衣服。

---

[1] 泉州老子研究会：《众妙之门——海上丝绸之路与蟳埔民俗文化研究专辑》，泉州市丰泽区文体旅游局，2004，第55-59页。

（四）上头、开脸

结婚当天新郎新娘各自请人（兄弟或侄儿）上头，也是梳三下，同时念到"一梳梳到头，二梳案齐眉，三梳儿孙满堂"，开脸和前面惠安女是一样的步骤。清末蟳埔女出嫁也是一身黑色大裾衫、黑色宽筒裤，发型是挽髻簪花，绣花鸡公鞋，到民国时期以后演变为一套红色绣花衣裤，穿珠绣拖鞋，头戴簪花围，插"妻仔针"金簪、镶金玳瑁梳，戴丁勾耳环，在夜里出嫁。

（五）入门

新娘需头蒙黑色纱巾，称为"乌巾"。这是由一块长方形蕾丝布制成，上面饰有珍珠装饰的纱巾。送嫁嫂引导新娘出门，出门前（走出娘家大门之前），新娘所带之物有伞（避邪、避冲）、扇（两把）及手巾。跨过大门槛时，媒婆拿起一把扇，在新娘胸前抚三下后，把扇扔掉，意喻为好的捡入肚，坏的扔出户。送嫁嫂为新娘撑红伞，蟳埔新娘到达夫家门口时，需要跨过烧着木炭的火盆，去掉新娘沿途所遇的邪气或脏东西，媒人用一个米筛罩在新娘头上，媒婆撒缘钱，新郎家人要避开（怕将来家庭不和谐）。新娘进入洞房，新郎掀黑巾，媒人同时念着："纱巾掀过来，添丁发大财；纱巾遮头前，子孙代代出人前"。

（六）敬茶

一对新人在女长辈的带领下来到厅堂后，先拜见祖先，后拜高堂，再认识家中亲戚。送拜高堂时要敬甜茶，互送礼物，给婆婆头上插上2朵熟花，送金饰和衣服，给亲戚送拖鞋，亲戚返回红包放在茶盘里，称为"压惊茶"。认识家中亲戚时新娘会给每位亲戚塞一块大冰糖，让亲戚以后多说好话。

（七）会亲

第二天凌晨2点新娘回娘家，第三天天黑，媒人再次带新娘回婆家，小两口便带着寓意子孙延绵的"引路鸡"（现已摒弃这个习俗）和长尾甘蔗一同返回夫家。长尾甘蔗一般是完整带叶的，且节数越多越好，寓意着婚后生活甜蜜节节高，到了婆家，男方家人照样需回避，媒人"入门乌，生打埔（男孩）"，这样往返娘家多达14天。

（八）海洋文化特色的婚嫁服装

蟳埔女的婚嫁服装在形制上与日常传统服饰"大裾衫""阔腿裤"基本一致，但在一些结构细节上还是略有不同。蟳埔女婚服一生只穿两次，结婚穿一次，死后再穿一次，因此很少有保留下的实物。新娘穿的裤子不是干活时穿的七分裤，而是长至脚面的长裤，长裤谐音"仓库"，有富裕的意思，红色套装刺绣图案以吉祥纹样为主，有代表对婚姻祝愿的合欢花、有古典婚服的龙凤造型，还有具有当地民间特色的双鱼造型。20世纪30年代后穿珠绣拖鞋（图2-3-3），这是受东南亚珠绣鞋的影响。

三、闽南渔女婚俗传统服饰独特地域审美

闽南"非遗"渔女虽然都属于泉州地区，相距也就几十公里，婚俗还是各具特色，例如，出嫁时间不同，崇武、山霞渔女是正午出嫁，小岞、净峰是傍晚出嫁，蟳埔渔女是夜里出嫁，蟳埔女的婚俗保留着传统的闽南风情习俗，从订婚到结婚都离不开分赠鲜花，且"半夜出嫁"的婚俗别具一格。结婚的衣服，蟳埔女一辈子只穿一回，婚后就收拾起来压箱底，直到走完人生路，才又穿着入葬。惠安女结婚的衣服，里面的"白礼衣"也是平时不能穿，亲人葬礼和自己死后入葬时才穿，但结婚穿的外衣，过年、过节、喜事、丧事等重要场合可继续穿。

（一）传统婚俗服饰地域特色

闽南"非遗"渔女婚俗服饰承载着人们的情感寄托及不同地域渔女的情感表达不同，崇武半岛惠安女新娘成套黑色，为黑色绸缎节约衫和宽筒裤，花头巾和银腰链成为婚服的装饰色彩，这种尚黑的婚礼服习俗仍是独具特色。在考察调研的过程中，当地人解释是早期崇武边防倭寇出没，早期都是选择夜婚和黑色套装，起到隐

图2-3-3　蟳埔女婚服

蔽作业的效果，也许这就是黑色婚服一直沿袭至今的原因。黑色现在依旧是崇武半岛渔女礼服的首选，黄色斗笠、花色头巾、银腰链装饰与黑色礼服形成鲜明的对比，稳重又不失喜庆，形成独具特色的民俗服饰特征。

小岞半岛渔女服饰色彩与崇武半岛迥然不同。小岞渔女色彩艳丽，贴背是小岞半岛婚服的必备，绿色绲边装饰棉布贴背搭配红色碎花衬衫，蓝色宽腿裤配绿色腰头，红与绿是渔女们的最爱。20世纪80年代流行毛线背心，于是红色毛背心搭配绿色碎花布内衣成了新时期的渔女婚服，枚红色球花头巾长长拖在胸前，新娘好像被大自然的

红花绿叶包围了，洋溢着欢乐喜庆的氛围。

蟳埔渔女与惠安女婚服不同的是一套大红婚服套装，蟳埔村属于泉州市，受外来服饰影响，渔女共同的婚服特征没有穿裙装，而是上衫下裤，这与她们的生产习惯分不开，共同的生产环境形成的服饰习俗异中有同。红色是蟳埔渔女一直喜爱的颜色，年龄越大越是穿红色，与大海和天空的蓝色形成强烈的对比。闽南同一海岸上渔女们通过她们对自然色彩的喜爱和提炼，形成具有地方色彩的审美观念，也是追求人与自然和谐共处的生活状态的体现。婚俗服饰色彩与人文色彩和谐统一，将渔女们对服饰的审美情趣和审美追求，自然地融入他们的日常生活中。

（二）传统婚俗服饰的装饰审美

惠安渔女婚俗服饰有着繁复的装饰，蕴含着浓厚的婚俗文化。不管是清代中后期的大头髻、清末民国到解放初期的圆头髻还是新中国成立后至今的红花绣球巾，从美观上来说，其夸大的尺寸在与婚服的搭配中，既平衡了服装的体积，还强化了服装的外形特征。与银腰链的搭配，有主有次，富有节奏韵律，使服装整体产生动与静的结合、大与小的对比。近代的小岞婚服中的五彩手帕是上装腋下的装饰，五色的顺序都不能落错，黄色垫底然后玫红、草绿、大红、最表面是花朵纹样手帕，惠安女婚俗服饰，可谓独树一帜，迥异于其他地区的汉族妇女婚服。

四、传统婚俗民谣的文化内涵

民谣是重要的民俗现象，通过民谣我们了解一个地区的民俗文化，民谣是随着时代的发展和民族生存现状的改变而逐渐变化。闽南婚俗的民谣，我们通过普通话是无法押韵的，但闽南语是押韵的。民谣反映了闽南渔女婚姻生活的状态、历史文化、宗教文化、民俗文化的内涵。例如，惠安女服饰的民谣：惠安女，水（漂亮）茫茫，头戴黄笠包花巾，头巾中央插头梳，塑料花，蝴蝶花，头巾中央插头梳。

（一）常住娘家等旧婚姻的民谣

女方寄托于婚姻，对美好生活的向往歌谣：嫁个好翁（丈夫）人轻松，嫁个歹翁拖石邦（石板）。

新郎哀叹新婚之夜不上床的习俗：新被新席新草生（草褥子），新娶娘团（新娘）依橱边，新娘新席断跳蚤，新娶娘团依门口，新打棉借（棉絮）蓬拢松，娘团呣睏是恁戆，恁爸（新娘自称）自睏较清爽。

（二）下南洋的夫家思念民谣

东边日出西边光，包袱雨伞紧（快）出门。正手（右手）牵船船行来，倒手（左手）牵衫擦目屎（眼泪），头家（船家）问我哭也代（何时），家庭落薄才着来。

妇：批（信）纸一刀过（又）一刀，寄去吕宋度（给）阮哥，阮哥紧去着紧倒（回），唔甪放煞（放弃）恁娘（妻子）唐山礼（在）流落。夫：批纸一张过一张，寄去唐山度我娘（妻），我娘心肝唔甪想，批纸落水是会羊（融化）。

（三）海洋生物比喻婚姻的歌谣

（男）一张眠床挂铜宝，爱意娘团共阮好，（女）海内无鱼用虾蛄，七年无翁阮无苦，甘愿舍身做尼姑，无想恁山头野丈夫。（男）海内出有大肥蚝，山顶出有鹦哥桃，娘汝唔共哥好，唔值（不如）路边乞丐婆。（女）韭菜捷捷（快快）炒，哥你伺娘勿（不）得饱，想着了彻（了然）来溜脚（离开）。

海龙王要娶某：天乌乌，要落雨，海龙王，要娶某，龟吃萧，鳖打鼓，水蛙打轿目吐吐，山蚓举旗喊辛苦，火萤引路苦无某。

闽南渔女民歌、民谣体现了海洋族群独特的精神文化、思想观念和风俗习惯等重要内容，也是非物质文化遗产的主要传承方式之一。

第二部分
闽南"非遗"渔女服饰的海洋文化特质与工艺

第三章 闽南"非遗"渔女服饰装饰艺术海洋文化特质

服饰民俗对自然环境具有很强的适应性和选择性，海洋自然环境形成了独特的海洋民俗特征。闽南渔女服饰面料花色和工艺制作也随着时代变化而改变，但中华传统服饰立领右衽、十字形结构一直传承至今，最容易变化的是物质部分，而最不容易变化的则是非物质文化部分。闽南渔女服饰习俗离不开海洋文化的特质，服饰功能与海洋生活环境相适应，为了抵御海风吹袭，惠安女的花头巾和黄斗笠既满足生活和生产的需要，同时又展示了独特的海洋美学；节约衫、宽腿裤既便于劳作，又兼具快干效果；平时穿塑料拖鞋，结婚穿绣花拖鞋，便于劳作的拖鞋是海洋族群的首要选择，重头不重脚是海洋服饰习俗的重要特征，服饰纹样中大量的海洋素材，鱼虾嬉戏的海洋生物与满舱归来的渔家生活场景，防水不腐的塑料在她们的加工下，成为独具特色的头饰和腰带，金色的沙滩、蔚蓝的天空、蓝绿的海水是渔女们最为常用的色彩，俗话说"靠山吃山、靠海吃海"，一切都源于大自然的馈赠。

第一节 闽南"非遗"渔女服饰海洋性服饰功能

一、海洋生产环境下形成服饰功能与装饰风格

泉州是"海丝之路"的起点。《崇武所城志·生业》载："崇武滨海军民人等，以渔为生。冬春则纶带鱼，至夏初则浮火缝取马鲛、鲨、鲳、竹鱼之类，夏中则撒鲨鲢、温鲢，秋中则旋网取金鳞、巴绿、毒（鱼）等。凡鱼依四时之气而生，其至亦乘四时之气而至。渔者随时设网以待之。诚哉，近水知鱼性！然船有大小解船、舰船、舰近纶带鱼，人纯用之，以船轻便而易动，且坚致可驾远而耐风波。"[1]崇武人都是以

---

[1]《崇武文库》编委会：《崇武所城志》，福建人民出版社，1986，第46页。

第二部分　闽南"非遗"渔女服饰的海洋文化特质与工艺

渔业为生。

惠安流传的一句经典民谣:"封建头,民主肚,节约衫,浪费裤。""节约衣"是指惠安女上衣衣身短小至腰部,袖口收紧到小臂,便于滨海劳作。清代"接袖衫"虽然也是受到当时周边汉族服装宽袖的影响,但海洋生产环境同样创造了"卷袖衫"的结构,平时可以长袖遮面,但劳作时通过纽扣卷成中袖,而且卷袖的里布同样设计拼接装饰,做到功能与装饰于一体。早期的卷袖简化成了细窄的七分中袖,干净利落,不容易被海水打湿。随着节约衫不断变短,下摆的弧度越来越大,向外弯至腰部,起翘量一般达15厘米,下摆围度比胸围围度大约大20厘米,整个服装只有肩袖贴在人体上,衣身通风透气,海边作业时不管是汗水还是海水,海风吹吹也就干了。

惠安女服饰最大的特点之一是"衣短露脐",其上身的衣服短得出奇,连肚脐都没遮盖住,且整件上衣既窄又紧,连袖管都紧绑着手臂。形成这种"节约衣""民主肚"的原因是这些惠安女常年在海边劳动,况且捞海菜、收渔网等操作都是要俯身在水面上进行,如果衣服长了、松了,就会妨碍劳作。惠安女的宽裤管也并非毫无道理的装饰和浪费,穿宽裤管的惠安女在海滩作业,不怕海水浸湿,不怕海浪打湿;在山上扛石头,在田里劳动,不怕汗水浸渍。由于裤管宽,湿了也不影响正常活动,海边风大,几趟走动,很快就被吹干。另外,据说采用宽裤管的原因之一是在海滩作业时,只要在背人的方向将一条裤管卷高起来就可以"方便"。总之,惠安女服饰的各种特点,基本上都是为满足其实际生活环境的需求而具有特殊功能的。[1]

惠安女一直是头巾遮面,这是由于当地渔女在劳动的过程中,用花头巾代替了接袖衫时代的"乌巾"遮面。早期搭配花头巾是与下巴平齐,悬空没有落在肩上,同样是便于海边作业,防风防晒,同时还通风透气。黄斗笠是最为普通的遮风挡雨的用具,但是在渔女们爱美的天性和集体创造下变成了艺术品,成为婚俗礼仪中的必备之物,充分反映出民俗服饰形成于生存环境和生产方式中。惠安女服饰的发展变化,有着自身固有的规律。它以适应生活和劳动为基调,严格遵循其自身的审美观念,以"称体、人时、从俗"为追求目标。她们一是讲究色彩与环境的协调和谐,二是注重尺度比例适合自身体型,以适应劳动生活的需要。惠东地区临海,海风很大,过去没有植树造林,遇到大风天气,天地混沌,长沙滚滚,打得行人脸上火辣辣的,所以裹头巾以抵风沙。头巾把脸颊的大部分遮住,掩饰了许多人的宽下颌,仅突出眼睛、鼻

---

[1] 朱家骏、宋光宇:《闽南音乐与工艺美术》,福建人民出版社,2008,第394页。

子、嘴，使整个脸庞呈瓜子形，加上黄斗笠戴得低，因此脸部风刮不到，日晒不着，雨淋不了，既可固定发型，又能起到很好的护养皮肤的作用，这应是当地妇女历来因生活和劳作需要而沿袭下来的古老习惯。[1]

惠安渔女们平时佩戴的用塑料丝编织的各种腰带既起到装饰腰部又起到加固大折宽筒裤运动的牢固性作用，同时塑料丝经济实用，不怕海水浸湿，惠安渔女宽筒七分裤同样是海洋生态环境下的选择，宽松裤管，宽大的落档便于劳作，便于通风透气，被海水打湿也起到风吹易干的效果。渔女服饰是海洋生态环境下渔女们集体创新和从众审美前提下形成的。惠安和蟳埔渔女们"节约衫"肩部胸部拼接结构也源于劳作磨损部位的替换，后来变成了流行的风格，物资匮乏的年代也没有阻挡渔女们对美的追求。

蟳埔渔女"讨蚵装"是典型的滨海作业服装，蟳埔渔女除了具备以上惠安渔女基本海边作业的服饰特征外，还创作出专门挖海蛎的服装。海边或滩涂边进行作业时，大多数时间都需要蹲在海边或滩涂边捡海货、挖牡蛎，因此被叫作"讨蚵人"，她们集体创作了便于海洋环境劳作的"讨蚵装"，三角形插裆加大裆部的宽度，便于舒适下蹲不被海水打湿，方便她们循环完成起立蹲下这一动作的同时保证裤子不被打湿，长袖上衣有助于她们在烈日暴晒、海风吹袭环境下得到一层服装的保护。

蟳埔女使用薯莨进行服装染色是典型的海洋地域生态文化的体现。薯莨作为当地常见的一种植物，是大自然的馈赠。勤劳聪明的蟳埔女将其作为染色的原料，充分发挥了薯莨中具有防腐防水功效的单宁及胶质的作用，用薯莨上色后的"讨蚵装"不怕风吹雨淋，不惧海水浸泡，丰富的单宁和胶质无形中增加了服装的厚度，使服装更加的耐穿和实用。

二、重头不重脚的滨海族群服饰风格

渔女重头不重脚的服饰习俗与地理环境密切相关。惠安、蟳埔渔女被泉州其他地区称为"粗脚氏"，这是相对于"三寸金莲"的裹脚习俗而言，她们没有缠足的经历，被称为粗脚乡，裹小脚，穿鞋袜无法在海边干活，更是难以生存，所以在物资匮乏的时代，光脚便成了天经地义的习惯并沿袭下来。没有塑料拖鞋时，她们穿自己用碎布做成的拖鞋，结婚也是穿布拖鞋，但增加了刺绣的吉祥纹样，不管头饰怎么隆重，脚

---

[1] 陈国华：《惠安女的奥秘》，中国文联出版社，1999，第23页。

下都是一双拖鞋。20世纪60年代，塑料拖鞋成为她们的最爱，塑料拖鞋也是她们的一种新时尚，是因为塑料拖鞋不怕水的性能可以适应她们的生产和生活方式，一直延续至今，现在新娘不穿绣花拖鞋，而是穿白色塑料拖鞋搭配红色袜子，从绣花拖鞋到现在的塑料拖鞋，这也是她们天足便于穿脱形成的习俗，与她们长期生活在海边，辛勤劳作是分不开的。

惠安崇武和小岞半岛村地处东南偏僻海隅，三面环海，西连大陆又是山丘杂陈，由于早年交通道路的阻隔，几乎与外界隔绝，文化保存相对独立，早期头饰"大头髻"繁缛复杂，在封建礼教严重的环境中，竟然有如此瑰丽的头饰，这与地域风俗文化是分不开的，独特的地理环境保存了渔女服饰文化的独特性，传统头饰随着时代变革相对由繁至简，色彩也由黑色演变成缤纷自然色，但审美确是一脉相承的。戴头巾的习俗也是当地劳作环境的需要沿袭下来的习惯，由于海边风沙随时将至，头巾、斗笠都是抵御风沙侵入的必要用具。大岞村渔女的头巾不仅具有防风防沙的功能，还有另外一个功能，出门把自己的头包得只留下眼睛、鼻子、嘴巴部分，原因是羞于见外人甚至自己的丈夫，早期"大头髻""巾仔"头棚被废除后，花头巾、黄斗笠成为主要的延续头饰。"民以食为天"在惠安渔女的心中却是"民以穿为天"，她们不计较粗茶淡饭，却把节省下来的钱花在服饰上，姐妹们闲下来的话题就是攀比竞争谁的服饰好看，一旦新的头巾花型被认同，就会高出市场几倍价格去四处购买，每人攒上几百条不同花色头巾都属于正常现象，头巾花型的新旧她们一眼就能识别，用她们的话就是我们祖先就一直重"花况"（爱打扮）。闽南渔女服装中的包头巾和穿拖鞋的习俗，直接反映了当地渔民生活的实用性和适应性，头巾能有效地防止海风和阳光的侵扰，同时保护头部免受海水的影响，穿拖鞋则使渔民可以更加自如地在岩石和湿滑的海滩上行走，展现了其对海洋环境的实用认识和适应能力。

第二节 闽南"非遗"渔女服饰海洋性装饰材料

一、适合海洋环境塑料制品装饰艺术

闽南渔女服饰装饰艺术最具特色的是各种塑料制品的装饰，如塑料发夹、塑料梳子、塑料缀仔、塑料腰带、塑料拖鞋、塑料斗笠花等，塑料饰品成为渔女服饰品中的重要组成部分，塑料之所以被渔女们喜爱，第一是塑料价格便宜、轻巧，遇水不腐，抗腐蚀能力强，基本不与酸、碱发生反应；第二是塑料色彩艳丽，符合惠安女的审美

需求；第三是塑料的加热可塑性，给渔女们带来了自己动手制作的便捷，还可以重复使用。

在1958—1973年的16年间，塑料工业处于飞速发展时期。随着塑料制品的兴起，渔女们开始创作大小不同、式样各异的塑料花，聪慧的惠安女开始尝试自制塑料"缀仔"，塑料"缀仔"根据用途设计有大有小，小的装饰在围巾上，大的装饰在斗笠上，色彩常见的红、黄、绿色，极具民俗特色的装饰效果。塑料"缀仔"的制作工艺也是惠安女的独创，她们把废弃的塑料制品拿来通过煤油灯加热熔化，然后根据自己想要的花形，通过模具在热熔的塑料上印压成花，而这些模具是源于早期有凹凸花纹的玻璃，破碎的玻璃成了惠安女制造美的工具。塑料梳子是渔女们必备的梳饰，年轻人则使用多色小梳子作为装饰，老人使用长弯梳将所有头发梳到脑后固定，不留刘海，多个长弯梳子装饰的同时掩饰已经稀疏的头发。

小岞渔女的塑料发夹、塑料花的装饰从日常到盛装都有。新娘塑料饰品最为丰富，头梳分前后部分，与固定色彩搭配，以中间球花分界，前面4色分别是柠檬黄、粉红、翠绿、橙红，左右各一枚黄色小发梳，而且发梳背是波浪纹，后面头发放6枚塑料头梳，第一枚是花色塑料梳，依次是大红梳、翠绿梳、柠檬黄、粉红、橙红，梳背一般选光面，左右鬓角各插2枚红绿梳子。

塑料编织腰带一直被惠安女们所喜爱，在没有佩戴银腰链习俗之前，塑料腰带花样繁多，是她们出门必备的腰饰，他们通过多股塑料丝编织多种几何纹样的腰带，一般50根塑料丝同时起头编织，有折线纹样、交叉菱形花纹，色彩红黄蓝绿紫等多色组合，体现了对手工艺的珍视及对适应自然材料的依赖。

二、适合海洋环境银腰链的装饰艺术

惠安渔女的银腰链从结构到装饰无不显示出海洋文化元素特征，腰链主体呈环链结构，波浪形垂索，小鱼挂钩，镌刻的鱼形水草花纹。艺术源于生活，惠安渔女银腰链的美学特征更提炼于生活。银腰链早期被渔民青睐不仅仅是因为其象征财富，同时也是便于海洋生态作业。早期大折裤是用布条系扎，海水浸泡后潮湿而厚重，银腰链具备不怕潮湿特征，反映了海洋地域服饰文化对自然的适应性。崇武半岛和小岞半岛惠安女银腰链在造型和装饰细节上有所不同，虽然相距二十多公里，但小岞半岛地理位置相对崇武半岛更为偏僻。银链条主体是银索链组成，和船上的铁索链结构一样，一环套一环，最初的腰链灵感可能来源于此。腰链的股数随着生活水平的提高，由1股

增加到10股，一条腰链价值几万元，惠安女才是真正的腰缠万贯。

　　崇武半岛渔女银腰链由银链条、S钩、三角蜂巢头组成，腰链在后腰的臀部上方落差为高低错层，接口由"鱼钩"与"三角形蜂巢头"连接。三角形蜂巢头镌刻一些简单的水草花纹，背面一般刻上劳动光荣、勤劳致富等字样，S挂钩系在背后，正面是整齐的腰链、转过身则是银波荡漾，小鱼游动。这种造型是20世纪70—80年代的创新设计，寓意连年有余，智慧的惠安女还通过增加一节"摇头"调节不同年龄的体型变化，因为腰链从结婚会一直佩戴到老，调节长短的"摇头"逐渐变得自然下垂，荡漾中富有动感，这种点、线、面的完美搭配，成为崇武半岛惠安女银腰链区别于小岞半岛渔女银腰链的典型特征。

　　小岞半岛惠安女银腰链没有崇武半岛银腰链的动感，多股银腰链前后整齐统一各具特色，小岞银腰链注重搭扣银头束的装饰，图案的镌刻麒麟搭扣扣在腰部正前方，调节长短的部分被藏在腰链下面，在造型上更似马来西亚人的腰链。小岞半岛渔女银腰链后面没有下摆，银腰链前面利用银头束和梅花扣扣合，梅花扣上是麒麟的图案，代表麒麟送子，银腰链由单股到多股的演变，为了充分展示银腰链的价值，上衣越来越短，形成了现在的节约衫，闪耀在节约衫和浪费裤之间的银腰链体现了惠安女对传统服饰传承与集体智慧的大胆创新，展示出海洋文化背景下其独特的审美特征。

第三节　闽南"非遗"渔女服饰海洋性装饰纹样

一、海洋生物仿生装饰纹样

　　闽南渔女服饰纹样装饰各有不同。崇武半岛渔女服饰纹样主要集中在衣领、衣襟、袖口、新娘鞋和虎头帽上，小岞半岛服饰纹样主要集中在头饰"巾仔头"、新娘"鸡公鞋"、儿童帽、服装门襟、下摆和袖套，以及上衣后背、裤腿上的"补丁绣"。渔女服饰刺绣纹样题材特别丰富，有动物、植物和人物场景等，纹样题材跨越时空组合，海洋和陆地动植物并存，生活劳作和闲暇娱乐的场景并存，不同时期纹样特征记载着惠安女不同的审美情趣。服装刺绣纹样主要表现在上衣领围、斜襟、腋下开衩止口和袖口处，配饰刺绣纹样主要表现在头巾仔、腰带、踏轿鞋还有孩子的虎帽上，除了沿袭传统吉祥纹样题材以外，还有鱼虾等各种海洋水族欢快灵动，南音以及渔船归来的场景等多种题材，充满了地域特色与海洋文化气息。惠安女服饰纹样没有传统的花谱花样，纹样是一边想一边画，每个惠安女脑海里都有她们对生活蓝图的描绘。刺绣成为惠安女闲暇生活的重要组成部分，刺绣工艺同时也成了评价惠安女贤惠能干的重要指标。自然环境是人类生存发展的最基本条件，自然万物是人类赖以生存的资源，同时也是艺术创作的源泉，人们通过仿生图案表达对自然的崇拜以及寄托对美好生活的向往，仿生纹样是自然与精神的沟通载体。明人顾炎武说"海者，闽人之田也"，惠安女们靠海吃海，鱼虾水族是她们生存的资源，可爱的拟人鱼虾水族形象便成了惠安女刺绣纹样的重要组成部分。

二、渔船归来生活场景

中原文化与闽越文化的融合，主要也体现在海洋文化的融合，春秋战国时期《越绝书·越绝外传记地传》："以船为车，以楫为马……越之常性也"形容古越海洋民族的生活习性，闽越时代的"舟楫文化"充分体现其文化中的海洋性特质。小岞半岛渔民主要经济来源是渔业，渔业是他们重要的生产方式，服饰习俗来源于生活，小岞渔女们把捕捞的鱼虾、渔网、渔船随手拿来作为刺绣的素材，归来的渔船是她们表现最多的纹样，也是她们心中的愿望，期待亲人出海归来，期待鱼满舱的画面场景，充分展示海洋文化的特质。

船被喻为龙的物化载体，如以"龙骨""龙身""龙眼"等称船的部位，沿海渔民把对龙的崇拜转移到他们生存的工具上，形成舟楫文化，舟楫龙船文化既传承了中原文化，又形成了自己的海洋文化特征。船纹巾仔刺绣，以凯旋船和欢乐喜庆盛装的人物为刺绣的主要题材，各种海生物穿梭在其中，构图上以惠安女刺绣典型的分区为结构特色，每个区域都是独立构图，但又融合在一个画面中，以飘扬彩旗扬帆归来的渔船为中心，船头站着激动归来的出海人，船底乘风破浪的折线纹样，游动的鱼虾，左右两边戏曲中的人物，最边缘的是庆典踩街盛装挑花篮的刺绣纹样，小小巾仔头刺绣纹样承载了丰富的海洋文化内涵。

艺术源于生活，是生活的缩影同时也是对生活的提炼。惠安女通过刺绣纹样再现她们生活中美好的场景，归来的渔船，新娘出嫁的场景，闲暇时南音娱乐的生活场景，不同时期的交通工具都成了惠安女们刺绣的纹样素材，惠安女通过她们灵巧的双手绣出一幅幅生动的画面。

凯旋门和南音是惠安女最经典的刺绣纹样，通常绣在衣领部分，凯旋门纹样是指远航渔船满载丰收和喜悦归来的场景再现，衣领凯旋门、南音纹样高挂着彩帆的渔船乘风破浪，亲人们高举着大鱼展示给迎接的亲人们，惠安女通过刺绣纹样表达了她们对满仓收获和亲人平安归来的喜悦心情。"南音"是泉州有名的地方戏剧，起源于古代宫廷雅乐，称"宫廷戏"，源于唐代，形成于宋代的南音被誉为"中国古典音乐的明珠"、中国音乐文化的"活化石"，2009年正式被联合国教科文组织列入人类非物质文化遗产代表作名录。"南音"的主奏乐器是琵琶，所以惠安女通过琵琶纹样借代"南音"的演奏场景；再现她们的精神世界，另外具有时代特征的马车、自行车场景也都一一记录在不足5厘米的衣领刺绣纹样中，惠安女用她们灵巧的双手、独特的方式记录着她们物质生活和精神生活，寄托了她们对出海亲人的思念和祝愿，同时也表达了惠安女对美好生活的向往。

三、蛇图腾

东汉许慎《说文解字》中记载："闽，东南越，蛇种"，古闽越人不仅信奉蛇为图腾，还将自己视为蛇的后裔。蛇深刻影响着闽人的宗教信仰、民俗风情和精神文化，蛇崇拜是闽文化重要的文化特质，一直存在于闽越人的思想意识中并影响至今。

蛇纹在小岞惠安女绣品中随处可见，从头至脚，小孩的童帽、头饰巾仔、新娘踩轿鞋上。从小岞妇女刺绣纹样的题材和组织结构来看，集多元文化于一体，小岞渔女将图腾崇拜与她们的生活紧密联系在一起，蛇纹与自然界的花草纹组合、蛇纹与当地海洋生物鱼虾蟹纹的组合，不管从色彩还是造型均巧妙地融为一体，新娘鞋鞋面刺绣纹样，蛇纹与水草、游动的鱼虾构成了一幅灵动而祥和的海洋生物画面，传递她们对祖先的崇拜及对美好生活的向往，蛇图腾的信仰也是闽越人海洋情感及精神层面的体现。小岞惠安女常年生活在海边，以海为生，淘海是她们主要的生产方式，由于海洋性气候的温暖湿润，光脚和拖鞋便于海边作业，使渔女们的新娘绣花鞋都是拖鞋，这也充分体现了地域服饰习俗的特征性。小岞新娘踏轿鞋面蛇纹通过惠安女独特的审美意识转化为成双成对的充满喜气的装饰语言，刺绣蛇纹在惠安女灵巧的双手中自由行走，为了充分放飞她们自由的心灵，一双新娘鞋左右两只都采用不同的蛇纹，从构图上采用对称与均衡相结合，一眼看过去是对称图案，再看又是均衡变化，在统一中寻求变化。小岞惠安女刺绣蛇纹同时也是生殖文化的体现，纹样结构上或对称或均衡，蛇纹与花朵巧妙隐喻和象征对生殖器的崇拜。黑格尔曾经说过"对自然界普遍的生殖力的看法是用雌雄生殖器的形状来表现和崇拜的。"这些代表闽越文化的原始生殖纹样融入与惠安女息息相关的生活习俗之中，作为刺绣纹样传承至今。生殖崇拜源于最原始的种族繁衍，崇拜男性生殖器是性崇拜的主要内容之一，然而其实人类历史中的生殖崇拜都是和母性崇拜联系在一起的。蛇作为生殖崇拜对象，具体化为女性生殖器的隐喻与象征，这一点在女娲"人首蛇身"的形象特征上体现得最为确切。小岞惠安女刺绣生殖纹样不仅仅是蛇纹，还有莲花纹，共同寓意女性生殖。梵文中莲花与女性子宫共用一词（Garbha），二者在初民心目中具有神秘互渗关系，莲花象征着女性生殖力，代表多产力量和生命的创造。小岞头饰巾仔头的刺绣纹样，莲花花瓣与男性生殖器形状的花蕊，蛇形与莲花纹的组合、缠绕巧妙组成装饰花纹，交融糅合，从构图到色彩，循环往复，充满生机和温馨的画面展示了闽南渔女的对生命诠释的精神世界。新娘踏轿鞋面蛇纹被惠安女独特的审美意识转化为成双成对的充满喜气的装饰语言。

另外还有"双鱼吐水"的纹样。鱼在古代有男性生殖器的隐喻，这种纹样表达一种男女相识相知相恋相爱的情感。由于男性长期出海捕鱼，惠安镇一般为妇女、老人、小孩日常居住。这使惠女刺绣作品中常隐藏着对美好爱情的追求，其中表现最为突出的就是生殖崇拜和男女情事，这是生命意识的延续，也是中国传统民间艺术中不可或缺的组成部分。

第四节　闽南"非遗"渔女服饰海洋性色彩搭配

闽南渔女服饰色彩源于自然又提炼自自然，蓝色的天空、金黄的沙滩、白色花岗岩石所建的建筑、绿色的树木……她们既要融入这美丽的环境之中，还要跳跃于环境之中。金色沙滩色的黄头笠，蓝白相间的花头巾，有着各种装饰的紧身上衣，配上黑色阔绸裤，镶着彩色腰带，系上多股的银腰链。崇武半岛渔女裤子百年不变的黑色，上衣随着流行的面料和色彩变化而变化，不管上衣和服饰配件色彩怎么变，因为有了永远不变的黑色裤子作为调和色，和谐而美观。惠安女配饰腰带、童帽和踏轿鞋刺绣色彩鲜艳，腰带色彩选用互补的色系较多，红、黄、绿色闪耀在腰部，与黑色裤子和蓝色、黑色上衣形成强烈的对比。惠安女腰带刺绣纹样色系总体为暖色系，以红黄为主色系，搭配少量的绿，不采用蓝色，白色勾边平衡，惠安女刺绣纹样色彩虽然是多色构成，色彩搭配比例却是遵循了美学的原则，主色、辅色分明，纹样和色彩虽然繁复但不失秩序。

一、崇武半岛渔女服饰海洋色系

大岞妇女上装色彩多样，但裤子一直是黑色的宽腿裤，特别的是新娘要穿全套黑色的服装，这在传统服饰中是极为少见的。黑色被大岞惠安妇女视为高贵色，黑色像大地一样包容所有大自然色调，她们大胆在这一片黑底上绣上她们自己心中灿烂的色彩，惠安妇女使各种红色、黄色、绿色跳跃在衣领、衣袖和衣襟上。惠安女刺绣纹样的配色经历了从对大自然色彩的模仿到感性的重组，她们任意组织色彩，随心所欲地表达她们对色彩的认同，红鱼头绿鱼尾，人物造型纹样更是色彩斑斓，没有男女性别色彩，自然界的花红柳绿，在惠安女刺绣纹样中往往会变成柳绿花红，丝毫不受原来实物固有色系的影响。惠安女刺绣色彩感性中不失理性，由于她们的环境有太多的蓝色，所以她们极少选用蓝色，她们需要与蔚蓝的天空和大海形成强烈对比的色彩，让蓝蓝的大海、蓝蓝的天空，映衬着她们的美丽，互补色强烈对比但又不失和谐统一，既感性又理性地搭配她们自己的色彩。

大岞半岛渔女服饰配件色彩选择与服装互补的颜色。惠安渔女侧襟彩帕采用红黄明亮的色系，大多以黄色和白色这两个颜色作为彩帕的底色搭配丰富的纹样装饰。以黄色为背景色，红色绿色为花朵绿叶装饰色，并配有少量的白色和粉色加以点缀。由于大岞惠安渔女的服装色彩以黑色蓝色为主，彩帕作为配件相对鲜艳，整个彩帕色彩搭配给人以热烈淳朴的视觉和心理感受。而花篮彩帕色彩搭配相对于"向日花"彩帕更加繁复与丰富。从色彩分布来看，花篮的篮子以菱形编织纹样，色彩搭配随意自然但又具有一定的美感，花篮周围的一个一个小叶子都被细致地表现出来，足足有三种配色，从小小的叶子中可见此纹样的色彩丰富程度已经达到相当高的水平。

大岞惠安渔女的腰巾色彩十分丰富多彩，从腰巾的色彩配比就可以看出大岞惠安渔女整体服饰的配色。其腰巾的色彩寄予大岞惠安女无限的祝福与美好，像"蓝"同"拦"，寓意为将不好的事情拦截在外等。腰巾整体底色以黑色为主，其上拼接一条宽约7厘米的蓝色和蓝绿色布料，其配色方法与大折裤的配色相一致，腰巾色彩最为丰富的地方在腰头的彩色正方形和穗状带子的装饰物长方形巾。彩色正方形色彩十分丰富：是由色彩不一的三角形和梯形的布料组成。其色彩排布各不相同，色彩有橙黄绿紫蓝，还有花式布料。正方形彩色的装饰在黑色布料和蓝色布料的映衬之下显得十分的跳跃与欢快，系腰巾的穗带，色彩为鲜艳的桃红色，富有女性美。带子上的长方巾装饰的色彩大致也是典型的大岞惠安女的服装配色，即为在底色为黑色的布料上用彩色点缀。长方巾的色调以红色调为主，与带子颜色相呼应。长方巾桃红重复于中间，粉绿色交叉于桃红色块的上下之处，边缘配以橙色的辅助，整体色彩沉稳大方，优雅耐看。红色比例较多，反而黑色的底色成为整个画面的点缀色彩，色彩给人的视觉冲击效果十分明显。

二、小岞半岛渔女服饰海洋色系

地域不同服饰的颜色也有着变化，像崇武城外的妇女衣色以钛青蓝、湖蓝色为主，而净峰、小岞则以粉红色、细花布着衣，外加草绿镶红边的贴背为主。黑色绸裤比较通用，也有蓝色裤子，特别是随着塑料制品的兴起，塑料手工艺品如裤带、凉鞋为惠安女增添了不少色彩。小岞半岛渔女服饰以蓝色、绿色为主色调，搭配红黄色头巾。黄色斗笠永远是互补色跳跃于海岸线上，可以看出惠安女服饰色彩与环境色的互补关系，既能突出自己，又能与环境相融。他们对万物色相、山河大地、田野丛屋、自然景象加以审视，形成具有地方色彩的审美观念，也是追求人与自然和谐共处的生活状态的体现。

早期彩色塑料编织腰带的色彩选用红、绿搭配。小岞渔女对于色彩的选择来源于生活，红与绿的搭配即为花朵与绿叶的搭配，花朵寄托着美好的寓意，将其色彩运用于服饰之上，也是她们对于美好的向往。后期的编织腰带演变成多色编织，总体色调鲜艳，与渔女生存的海洋的蓝色形成鲜明的补色对比，其色彩的分布也有一定的规律可循，橘红色调以波浪形贯穿腰带中部，在红色与绿色相互重叠的部分，两个色彩又十分和谐地交错开来。整体色彩明亮欢快，也可以体现出浓郁的地域民族风格，让人感受到惠安渔女的独特审美情趣，我们能想象出在黑色大宽裤上明亮的色彩形成的对比画面，从其色彩的运用，我们能够体会出惠安渔女对于色彩的取向，感受出她们对于生活的热爱与美好祝愿。

从整体来看，惠安渔女的服饰配件与当地的海洋生存环境都相互呼应。蓝天大海，与深色山峦土地都有一定的关联性，服饰配件的色彩大都来源于自然之中，有的甚至与大自然的色彩形成互补，色彩明度较高。由此可以看出，惠安渔女服饰配件图案色彩等的形成与其生存的海洋环境及当地的气候条件有着密不可分的关系——服饰配件色彩艳丽夺目，与深蓝色和黑色的服装底色以及蓝色大海、金色沙滩等大自然色彩和谐统一，也形成强烈对比。服饰配件色彩多使用红黄绿橙白等，能够赋予惠安渔女的深色服装生机，具有鲜明的民俗色彩，来源于自然，体现出惠安渔女乐观向上的美好心理。与当地的大自然既和谐统一又互补，无论在海边还是滩涂都与自然相融为一体。正如蒋勋先生在《美的沉思》中讲道："没有一个艺术家可以像大自然一样挥霍色彩和图形，我们对所有美的感受，都是源自大自然的震动。"[1]

---

[1] 蒋勋:《美的沉思》，湖南美术出版社，2012。

闽南渔女服装的整体设计和配饰不仅是一种风格，更是一种文化身份的象征，它们通过独特的外观和造型，展现了对海洋环境深厚的情感和相应的生活方式。这种服装的演变和传承，不仅仅是时尚和审美的追求，更是对海洋文化遗产的传承和保护，体现了人类与自然和谐共生的理念。闽南渔女服装的形成和发展不仅是历史与文化的交汇，更是对海洋环境深情依恋的表达，它们通过独特的设计元素和文化符号，将人类与海洋环境深刻地融合在一起，展现了一种与自然和谐相处的理念和生活方式。

三、蟳埔渔女服饰海洋性互补色系

蟳埔女服饰色彩整体风格也是以红黄暖色系为主，特别是节日喜庆，年龄越大穿得越红。节日时候她们喜欢穿红底金色花纹大裾衫，黑色宽腿裤，现在也有穿西裤的，这与她们的劳动方式密切相连。滩涂养殖生产方式已慢慢退出蟳埔女的生活，但西裤的色彩依然选择黑色。早期资源缺乏的年代，蟳埔女服装以蓝、黑和褐红为主，20世纪80—90年代，正值改革开放，蟳埔女服饰色彩丰富，红黄蓝绿各种花色拼接，现在大裾衫也只有中老年人还在穿着。蟳埔女头饰色彩主要是红色、黄色、紫色、白色，配上金色发饰和绿色的叶子，满头春意盎然，色彩斑斓，上装和头饰都是采用浓艳的色系，黑色的裤子作为底色调和。

蟳埔女服装将略带红调的棕黄色服装称为"红衣"，这并不是真正用服装颜色命名，其最主要的原因还是为了讨个吉祥意义。首先，蟳埔村所处的泉州市在传统民俗上就对"红"有偏爱之情。红色象征喜庆与吉祥，凡是有喜事必能看见红色，这是中国传统习俗的传承体现，也是闽南当地的风俗习惯，在闽南"见红大吉"是当地广为流传的一句俗语，当地人的生活中都喜欢带点红；报喜用红纸、剪彩用红缎、结婚用红帖、生孩子送红蛋，就连居住的房子也喜欢砌红砖、砌红灶、砌红烟囱。红色除了有好兆头、喜庆的意义，它还被认为是可以驱邪避灾的颜色，在本命年穿着红色的服装就是最好的体现。蟳埔女将劳作的服装称为"红衣"，更多的是想沾一沾"红色"的喜庆文化以保佑生活和工作的顺利。

第四章 闽南"非遗"渔女服饰制作工艺

服饰手工艺是传统服饰文化的重要组成部分。从物质需要到精神追求，闽南渔女传统服饰之独特灿烂，依托渔女们灵巧的双手和独特的工艺视角，闽南渔女服装及配饰工艺具有极高的艺术价值和审美价值，是普通劳动者集体创作的结晶。传统服饰手工艺本质是人类生态性劳动活动，它强调利用自然资源和再生资源，依靠手工进行制作，形成"工具在手，工力在身"的生态型生产方式，传统服饰手工艺是在心与手的交流和互动下的情感的产物。[1]

崇武、山霞和净峰、小岞四个区域的惠安女服饰归为2种不同形制，制作工艺也有较大的差异，当地流传"大岞无师傅，小岞请师傅"，在崇武城外的大岞和山霞的惠安女们，从小就要学会制作服饰和刺绣工艺，她们一般在12~14岁时，开始向母亲或周围的姐妹伴、姆婶学习缝制服饰和刺绣手艺，服饰制作技艺传承属于母女袭传形态。而小岞、净峰等惠安女服饰则有专门的裁缝店制作，一般到了女子订婚的年龄，父母都会到裁缝店为其定做待嫁服饰，服饰制作技艺传承属于师徒传袭形态。小岞、净峰的服饰制作传承师傅大都是男性，主要有康良金、曾木来、邱晚狗、邱憨晚、康乌等。康良金，男，1932年生，小岞镇前内村村民。13岁时到净峰镇西垵村邱文桂师傅裁缝店当学徒，三年满师后回前内村家里开裁缝店。康良金把手艺传授给女儿康玉琼、康玉云和义女王亚怨，没有开设专门的裁缝店，只在家里偶尔为乡邻制作。曾木来，男，1929年生，小岞镇山前村村民，师从净峰镇西丘村邱惠清师傅，1950年参加集体缝纫社，擅长制作大裾衫和绲边刺绣。邱晚狗，男，1935年生，净峰镇山透村山后自然村村民，擅作绲边刺绣和大裾衫。邱憨晚，男，1945年生，净峰镇山前村顶山前自然村村民，师从邱晚狗师傅，技艺传于女儿邱金花、邱秀花。康乌，男，1957年生，小岞镇前内村村民，16岁师从曾木来师傅学手艺，出师后自行开缝纫店，擅作大

---

[1] 邹卫：《中国传统服饰手工艺的文化价值》，《艺术百家》2012年第7期。

祆衫和服饰绲边刺绣。

闽南渔女服饰工艺分为服装结构制作工艺和装饰工艺以及服饰品的制作工艺，崇武半岛渔女"节约衫"制作工艺，假领和侧襟彩帕刺绣装饰工艺，头巾缀仔制作工艺，黄斗笠及斗笠花的制作，编织和刺绣腰带工艺，银腰链工艺；小岞半岛渔女节约衫的线绳工艺，银腰链、五股花手镯工艺，网绣工艺；蟳埔渔女独特黄金首饰制作工艺，"薯莨染"渔衣染色工艺等，这些独特服饰手工艺反映一个时代的民族和社会的服饰生产和生活文化的特征，同时也反映了渔女们生活方式与情感的寄托。

第一节　崇武半岛渔女"节约衫"制作工艺

惠安女的服饰形制崇武半岛区别于小岞半岛。所以以下分类阐述，以崇武半岛渔女的上衣变化为例。从清末时期的"接袖衫"到20世纪30—40年代的"缀做衫"再到中华人民共和国成立后的"节约衫"，在这演变的过程中，服装结构及工艺也有了相应的改变，接袖衫与缀做衫只是拼接工艺不同，基本结构传承传统汉族大襟右衽十字形结构，新中国成立后"节约衫"结构与工艺变革形成独特的风格。

一、"节约衫"衣身结构

"节约衫"结构特征是衣身肩部胸部合体，胸部以下呈A字形张开，前后片形成一个大大的圆弧，衣长仅至腰部，为了更好地展示服装的造型，衣身两侧还做了开衩处理。短及手臂中部的袖长，窄而平的小翻领使服装整体给人一种干练利落的感觉。服装依旧沿用传统的右衽斜襟式样配以接袖结构，以经典的中式平面裁剪方式将衣身分为衣身裁片和袖裁片。崇武半岛渔女节约衫分为两种款式，一种是上下错位拼接样式，流行于20世纪70—80年代，一般是夏装采用这种拼接，另外一种前后片按前中心线纵向对称拼接，属于冬装的结构，我们分别解析这两种不同结构。

崇武、山霞上下错位拼接式样的"节约衫"（图4-1-1），蟳埔渔女服装也有这样的结构特征，小岞半岛没有此结构服装。上下拼接式是源于崇武半岛清代至民国时期的贴背拼接，由于早期物质贫困，破旧的服装经过手工拼接成为新的衣裳，同时不同的面料拼接更有

图4-1-1　上下错位拼接夏装

生机，一直被渔女们喜爱。

1. 上下拼接样式的"节约衫"裁片

上下拼接样式的"节约衫"裁片主要可分为以下几个部分（图4-1-2）：衣领片、以袖中缝对称的左衣片、以袖中缝对称的右衣片、门襟片、袖接片、袖口花边、前后下摆衣片。其中左侧下摆裁片略高于右侧裁片，且前片下摆裁片上半部分为不规则状，所缺的三角形为衣身的胸省余量，下摆向上起翘了7厘米左右。上下拼接式样的"节约衫"在继承传统渔女服装结构的同时，也加入了新兴的现代裁剪技术。让服装保留传统特色之余开始考虑人体穿着的舒适度和造型感。一个简单的胸省让服装从二维平面开始向三维立体发展。

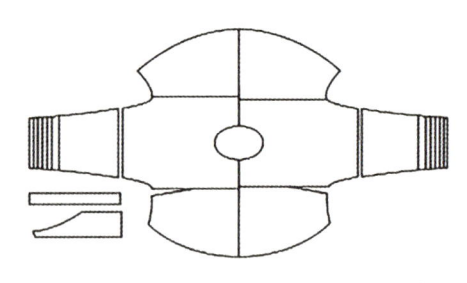

图4-1-2　上下拼接样式的"节约衫"裁片

2. 上下拼接样式的部件结构特征

上下拼接样式的"节约衫"在前片的处理方式主要是右前片多出一个斜门襟量，且该斜门襟以拼接的方式使右侧高于左侧（图4-1-3）。右前片长度长于左前片斜门襟拼接量，红色虚线部分表示门襟结构（图4-1-4）。在后片的处理方式上是左后片高于右后片（图4-1-5），上下拼接样式的"节约衫"在拼接上除了在衣片上有高低要求，对拼接处面料的选择也有一定要求。下摆拼接的布料要与接袖处相同。

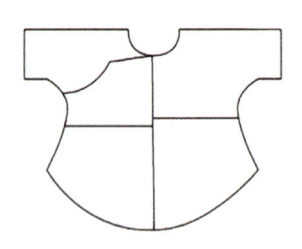

图4-1-3　上下拼接样式前片结构 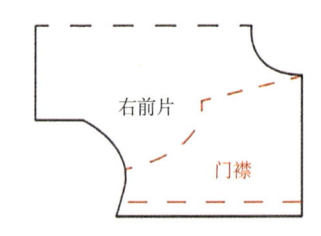　　图4-1-4　上下拼接样式右前片结构 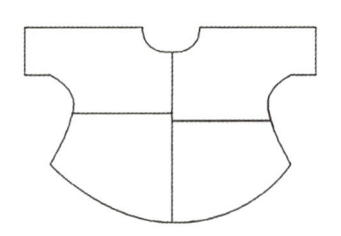　　图4-1-5　上下拼接样式后片结构

二、"节约衫"制作工艺

惠安大岞"节约衫"制作以机缝方式为主，早期是手工缝制，但在领子、下摆、贴边等部位上为追求服装的造型感和舒适度会采用手缝工艺。在"节约衫"的缝制

上，渔女们也有一套完整的步骤，由于平面拼接结构的不同，缝制的顺序也略有区别。

（一）"节约衫"的裁片

一般来说，"节约衫"在选择面料上会选择幅宽为80厘米左右的面料，在左右拼接款式中，首先将布料对折，以对折线作为袖中缝线，在布料上裁出衣片及袖子形状；再单独裁出门襟片及贴边、侧缝线贴边、领子贴边、袖口花边等部件（图4-1-6）。

依照裁片画出衣片并剪下，其中，对于领子位置和大小的确定，她们有一块半径为6厘米的半圆形母板；门襟片的贴边一般选用与面子一致的布料，袖口花边一般是由5~7种不同花边所制成。

（二）"节约衫"的工艺流程

拼花边袖头—缝侧缝—贴连袖侧缝边（内侧缝直条打折贴边）—拼中缝—做斜门襟贴边—挖领窝和装领—弧度底边折边手针工艺—做布纽—整烫。大岞渔女"节约衫"的缝制工艺可以简单地概括为：一缝一贴，不锁边。渔女们在每次缝

图4-1-6 "节约衫"面料裁片

合完成时就会将贴边工艺跟上。对于面料边缘的处理，最早因受到条件的限制无法锁边而形成的习惯也一直延续至今，成为渔女服装中的另一特点。特别值得一提的是早期大岞渔女的"节约衫"虽然受到面料的限制，但在工艺上却还是特别仔细。

"节约衫"的缝制步骤如下（图4-1-7）：首先选择与面料相同的布料在门襟处做贴边处理，然后将门襟与左前片相连接。接着将袖子与袖口花边缝合，其中袖口花边根据情况的不同，选取五至七种不同颜色的花边组成，在花边的色彩选择上多以红色、绿色、橙色为主。这样的配色既为服装增添了活力，又体现了惠安大岞渔女的传统审美风格。随后将缝好的带有花边的袖子与右片衣身缝合；并选取一条长度与右片侧缝线（袖口到右片分割处）相同的长方形布条进行贴边处理；并用同样的方式将左侧缝合完整；并沿着后中缝线缝合完成服装基本样式。

接着将领子的里子和面子缝合，将里子向外烫0.2厘米，在领子的面子处可以看到里子的花色。再把领子与衣身接好；在缝合完成后把领子贴边与衣身相连接，在连

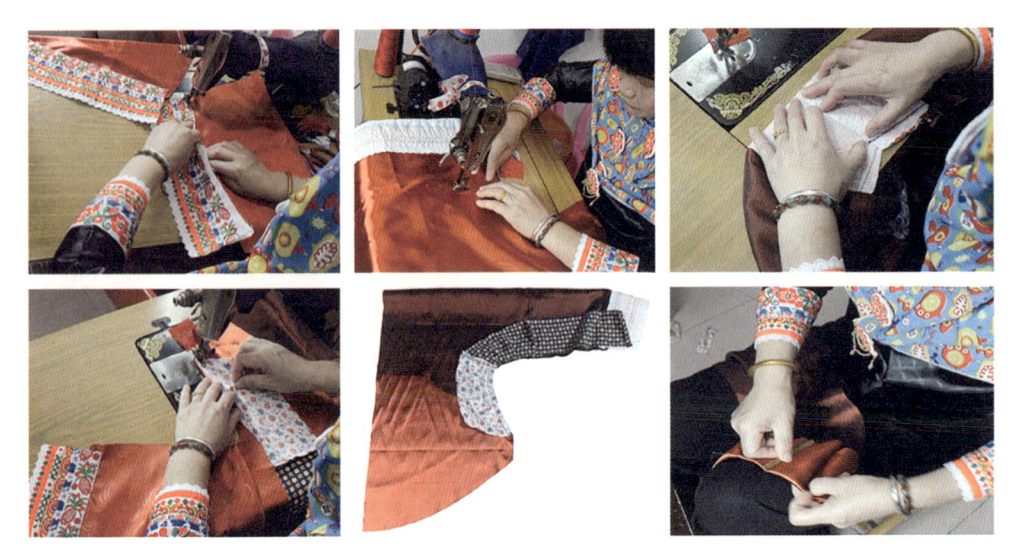

图 4-1-7 "节约衫"的缝制流程

接过程中,为了使长方形贴边布条与领围弧线相服帖,渔女们一般会人为地做出一些细小的褶子。在领子和衣身缝合的过程中,渔女们会在领子的背面中心部位缝上一个长方形小条作为衣袢,方便悬挂。

接下来是对下摆的处理,"节约衫"的下摆是一条顺滑的曲线造型。为了达到曲线的效果,渔女们将服装下摆向内折叠固定,在这过程中布料会产生一定的褶量。为保证折叠的宽度和褶皱的量,渔女们会使用一个小木片工具(长8厘米,宽1厘米)。先用小木片量取折边的宽度,再根据小木片的宽度确定折边的褶量。这个部分的褶皱位置一般在中心的位置,褶皱的方向也是从左右两边向中间扩散。这一步骤一般用手缝的形式完成,先用大针脚绗缝,再进行两道平行的假缝。渔女们在完成这一步骤时,为了方便通常会脚踩一把小椅子。不仅是面布工艺工整,里布工艺都是手缝工艺。节约是她们的美德,不同服装剩下的布头角料都能运用到里布贴边上,同时又增加了服装的牢固度。福建大岞渔女的"节约衫"作为汉族服饰文化中独树一帜的福建渔女服饰,既体现了浓郁的地域特色,又在服装结构分割与贴边工艺的处理中,向世人们展示了传统渔女的智慧,里布的手工缝制方式也为人们在渔女服饰上的研究留下了宝贵的资料。

第二节 小岞半岛渔女传统线绲制作工艺

小岞半岛传统服饰的线绲工艺最具特色。小岞半岛传统服饰的线绲工艺最具特色,服装没有崇武半岛那种收紧肩胸、大弧形下摆的结构,上装传统大襟右衽衫,直

第二部分 闽南"非遗"渔女服饰的海洋文化特质与工艺

身合体，为了露出腰带的装饰，上衣长度也是到腰线位置，但小岞半岛的线绳工艺独树一帜，小岞半岛渔女的线绳工艺源于清代末年至民国期间的汉族妇女大裾衫的斜襟绲、袖口绲、裤脚绲，这是汉族妇女在接受满族服装裤装过程中，上襦下裙制改为上襦下裤制的过程。裙裤一样的裤筒由于单调，为了协调袖口和衣襟增加了多条绲边。绲边是一种用斜丝绺的窄布条把衣服某些部位的边沿包光，并以此来增加衣服美观的传统特色缝制工艺。[1]小岞半岛渔女绲边装饰受周边其他汉族妇女的影响，通过她们独特的审美，在一定物质条件下，创新出属于自己的独特装饰风格。线绳工艺包括大裾衫的门襟绲、上衣下摆、袖口、袖套、贴背门襟和下摆、侧缝如意纹绲边。纹样有如意纹、橄榄纹、万字纹等，通过细窄的布条创造出各种直线、曲线纹样。

一、贴背线绳装饰工艺

贴背也就是我们常说的背心，但小岞半岛渔女背心，不仅仅是保暖衣物，同时是盛装的一种，也是结婚穿的礼服，背心作为正装礼服也是受到清代满族坎肩外穿的影响。贴背绲边装饰部位分衣领、门襟、底摆、开衩侧缝，袖窿绲边；线绳组成的纹样有：波浪纹、蝴蝶纹、铜钱纹、橄榄纹、如意纹（图4-2-1）。

贴背门襟绳条数量、色彩和宽度跟袖窿绲边装饰相一致，起到统一协调的效果，衣领向下15厘米绲边的宽度为2.5厘米，也就是4颗布纽扣的最后一颗位置起开始变化线绳纹样，与袖套一样，也是最后一根滚条扭转排列变化装饰纹样，以布纽最后扣位向下开始通过一根绲边变化波浪纹，2个波浪为一组间隔1个跳跃的浪花，这些浪花又巧妙转化成铜钱纹、

图4-2-1 小岞贴背线绳装饰

蝴蝶纹、橄榄纹，纹样在衣角适应成一个别致的角隅蝴蝶纹样和如意吉祥纹样，红、黄、蓝色填充每朵浪花。

贴背下摆线绳纹样延续门襟的纹样，最具特色的是侧缝的心形如意云头纹，而且前后片不同拼色，这是晚清最具特色的服饰装饰，衣裾左右开至腋下，饰如意云头，如意纹取自中国吉祥物"如意"。

---

[1] 缪良云：《中国衣经》，上海文化出版社，2000，第384页。

二、袖套绲边

小岞半岛渔女服装绲边工艺运用在上衣大裾衫斜襟绲边、袖口绲边、袖套绲边、贴背门襟、底边绲边、侧缝绲边。传统汉族绲边工艺有多种，如细香绲、宽边绲、阔绲、单绲边、多绲边、镶绲、嵌线绲、绲边加嵌线等。小岞半岛渔女服装绲边没有这么多种类，只是简单的宽边绲和细边绲。虽然简单的工艺创作出独具特色的装饰艺术，小岞渔女服装布条绲工艺是将宽窄不一的布条收成光边，通过色彩和宽细布条的交叉转换，通过细密针脚压缝在装饰部位上，形成规律、有秩序的装饰纹样，如图4-2-2所示为大袄衫、袖套线绲，是通过5种不同的宽绲条、不同色彩绲条、不同造型的线迹交替缝制的，极具装饰效果。

以图4-2-2中袖套为例。袖套总长度为36厘米，绣了绲边花纹的位置长度为18厘米，基本上都是不少于一半的花纹，绲边花纹循序从袖口处排列共有6组不同的纹样，由22条0.3厘米白绲条，2条0.5厘米白绲条，1条0.8厘米的红花

图4-2-2 大袄衫、袖套线绲

绲条，1条2.5厘米绿色绲布条，1条0.8厘米的纯红色绲条组成，另外还有椭圆形的红、黄、绿若干布片，这么多根色彩、宽窄不一的绲条怎么通过渔女双手变幻成工艺品一样的袖套装饰，下面分别解析绲条纹样的组成。

第一组纹样由4条宽窄不同的绲条组成，间距为0.15厘米左右，首先是1条0.5厘米白色布条起边压缝，同时压缝住袖套的毛边袖口，每间距0.15厘米压缝1条0.3厘米的白边，滚完2条白边后，换一条0.8厘米宽的红色花布条作为间隔，起到色彩对比装饰效果，同时也是与第二组纹样起隔离。

第二组纹样是由8条0.3厘米白色绲条组成，前后各压2条0.3厘米白边后，绲条间距都是0.15厘米左右，中间用4根白条相互穿插形成朵朵浪花一般的曲线纹样，交叠纹样形成5个椭圆形状的纹样，分别用红、绿、黄、红、绿色棉布作为底色缝制，形成5枚彩色的椭圆纹样，接着再绲2条0.3厘米的白条和波浪椭榄纹，组成一个单元纹样。

第三组纹样，是1条2.5厘米宽的绿色宽边绲，起到色彩装饰、分割上下纹样的视觉效果，在2.5厘米宽的绿色布条上以细密的针距，用白色的细线压缝成波浪曲线纹，类似第二组的纹样，但是不同的工艺表达。

第四组纹样，由6条0.3厘米的白色绳边组成，间隔0.15厘米，前后各滚2条，中间2条白色绳边呈浪花纹相互交叠，像跳跃的音符欢快起舞，同第二组纹样，红、绿、黄交替装饰中间相交的橄榄形底纹。

第五组纹样，动感浪花纹的延续，在第四组和第五组中间增加一条0.8厘米宽的纯红色绳边，绳条上用白色波浪起伏线迹进行装饰，最具灵动特色的绳边纹样就是第五组，4根白色0.3厘米绳边，2根安静地排列，像远远的地平线，上端2根白色绳边，一根为波浪基线规律抖动，另一根绳边通过转动交叠成铜线纹、橄榄纹、浪花纹，也是整个袖套绳边最具动感的纹样。

三、"大裌衫"线绳工艺

大裌衫长度缩短至腰围和臀围之间长约60厘米，整体趋于合体，衣领为立领，领高3厘米，布绳工艺是先沿着大裌（即衣襟）开始镶绳装饰从一行白绳条逐渐增加到多条，并且扩大镶绳的面积，镶绳位置也是由大裌绳，发展到开裾绳、袖口绳。绳条的行数及式样，由少而简，逐渐增多增繁，既有线绳，又有布绳、花绳、大小橄榄绳、万字绳等，最多时有占整个衣料的四分之一。小岞半岛节约衫绳边装饰和袖套相一致，重点绳边位置在大裌衫斜襟和侧缝（图4-2-3），门襟绳边的宽度一般在9厘米左右，也有的多加几道，分组花式绳和线绳，类似于袖套，腋下侧缝如意云头纹绳边与贴背相同，就不重复叙述了。

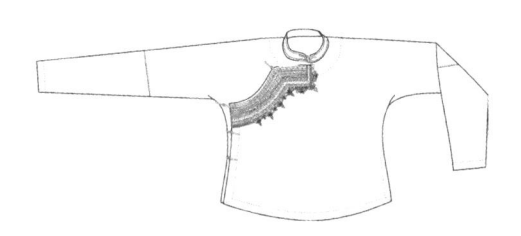

图4-2-3 大裌衫线绳线稿

四、线绳工艺流程

小岞半岛的线绳工艺工具有：绳边制作要用到的工具，如糨糊、刮浆刀、熨斗、针、丝线等。材料是45°角的斜丝绳边条，根据所需色彩的面料准备好。在裁剪方面，对于弧形的绳边，其绳边布条一定要选择45°正斜纱向进行裁剪，以保证弯曲、扭转时所需的伸缩空间，使制作效果更佳。

工艺流程：制作45°斜丝绳边条—毛边扣烫—绳边位置抹上浆糊—按设计纹样需要贴扣烫好的绳边条—熨烫固定—缝纫机密缝固定。

（一）制作绲边

绲边是用面料按45°斜角画出需要的绲边宽度，再放出0.2厘米的缝份，裁出需要宽度的斜丝布条，因为斜丝弹性最大，适合折叠、拉伸和转弯，然后将缝份扣烫成绲边条待用（图4-2-4）。

（二）上浆贴直条

制作好的绲边通过糨糊固定在衣片上，目的是后面缝制方便，顺序是从边缘开始逐步完成纹样。以袖套绲边为例，首先是直线绲边粘贴，在设计好线绳的位置自下而上抹上浆糊，黏上绲边，然后用熨斗熨烫固定。

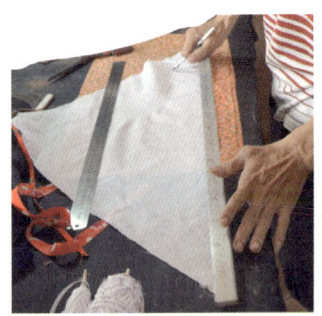

图4-2-4　绲边条制作

（三）花线绲上浆制作

花线绲制作分为3个步骤，首先确定波浪纹交叠封闭部分的彩色面料大小，然后剪切成橄榄椭圆形毛样，一般选用和底色相对比的色块，蓝色底部的一般选用红、黄、绿、粉，一般都是四个椭圆，用糨糊粘好背面贴在所需要的位置上，贴好后，再用白色绲条沿边缘交叉粘贴，正好盖住彩色橄榄形毛边，师傅们为了方便，直接将浆糊放在手心调量，糨糊不要太稀，要有一定的厚度，这样熨烫时更好定型固定，师傅仔细粘贴对位，绲条都对位好紧接着熨烫固定（图4-2-5）。

图4-2-5　袖套花线绲制作

（四）细密缝固定

所有的绲边都已固定粘贴熨烫好以后，开始固定，缝纫机调到最小针脚，紧靠两边固定绲边，这不同于我们平常缝纫机的针脚，调到最小的针脚，达到最密的缝纫线迹效果，目的是绲条毛边将来不会外露，并且保证针脚的细密和均匀程度，由于这些细节很大限度上决定了服装的精致程度，普通一件棉布衫因线绳工艺而变得精致独特，这就是传统手工艺的魅力。

第三节　惠安渔女服饰编织工艺

惠安女服饰编织工艺，主要体现在黄斗笠的编织工艺、塑料腰带的编织工艺、惠安女特色回娘家、回夫家盛物小竹篮的编织工艺上。传统意义上的编织工艺指利用韧性较好的植物纤维（如细枝、柳条、竹、灯芯草）以手工方法编织成的一种工艺品（篮子或其他物品），此类编织工艺更加强调其工艺的适用性而非形式感。惠安女服饰采用的编织工艺成为服饰的重要组成部分，装饰与实用兼备，惠安渔女黄斗笠和小竹篮采用的是竹类植物纤维，腰带采用塑料绳作为编织材料。因此，惠安女服饰编织工艺可根据材料和应用的不同分为两大类，分别是竹编工艺和绳编工艺。

一、黄斗笠编织工艺

崇武半岛和小岞半岛的惠安女黄斗笠形制上有所差别，但总体来说属于一类。崇武半岛黄斗笠受到周边畲族黄斗笠的影响。斗笠尖选用红色五角塑料模装饰，畲族斗笠则是黑色五角装饰，小岞半岛斗笠没有顶部装饰，整体偏平整，基本流程可概括为采竹、卷节、开片、刮青、分篾、去毛刺、干燥和编织。

竹编工艺作为传统手工艺发展的"技艺"代表，其以典型的技艺和物态的形式表现出了民间手工艺人的生产力和创造力。惠安女服饰中的竹编工艺主要应用于黄斗笠和竹篮的编织，其中的工艺方法又不尽相同。竹编工艺虽非惠安女独创，却属于众多传统竹编技艺中的一种，但是这种普适性的工艺技法在惠安得到了与地域特性的结合。黄斗笠和黄竹篮都成为代表惠安女传统服饰的重要组成部分。

（一）竹编的工具与材料

惠安女竹编斗笠的制作材料包括：竹篾（图4-3-1）、棕叶、牛皮纸、黄油漆、清油、成品斗笠花、斗笠带等。制作工具则以砍竹刀具、斗笠模型（木质半球形）、斗笠模型（平面圆形）、压制工具为主。相对于黄斗笠而言，竹篮的制作则不需要模型辅助且除了主要的竹篾和后期所用黄油漆和清油外,不需要额外的材料。黄斗笠制作所用模型分为两个部分,崇武半岛渔女斗笠模型为中部平整,四周略带弧度,而小岞半岛渔女斗笠模型底部呈平面圆形,两个地区的模型大小接近,约直径60厘米,周长180厘米(图4-3-2)。

图4-3-1　竹篾材料

(二)斗笠编织工艺

以小岞半岛惠安女黄斗笠为例,斗笠编织的步骤可分为:斗笠起编、主体编织、尖顶编织、棕叶填充、锁边编织、油漆、压制晾干等步骤。惠安女斗笠包括斗笠胚和斗笠外壳两个部分,中间夹杂布料和棕叶,预防腐烂和去除汗味,因此锁边编织就有了斗笠胚锁边编织和斗笠外壳锁边编织(图4-3-3)。

图4-3-2　斗笠制作模具

竹编的前期准备具有一套复杂且讲究的工艺流程,以应用竹编工艺的黄斗笠和竹篮的制作为例,其主要分为材料处理、编织和收尾三个阶段。如中国古老的《弹歌》所唱:"断竹、续竹……",依次剔枝、破竹,分解成篾条后进一步加工成篾丝备用,经过一系列烦琐的前期准备,再通过丰富多样的编织手法完成成品。其中材料处理是前期最为必要且重要的准备,即把竹子加工成竹篾。

1.斗笠编织

起底编织是制作黄斗笠的初始部分。竹片丝依照斗笠模型从顶部向下开始编织斗笠,两根宽窄相同的竹篾,分别以经向180°、纬向向左倾斜45°和向右倾斜45°的位置摆放。采用一挑一压的方法,在竹篾两两交叉处180°水平放置

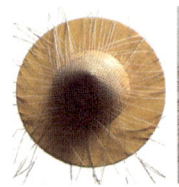

图4-3-3　斗笠制作工艺流程

· 80 ·

竹篾，围绕斗笠模型的形状进行编织，先编织好一个内胚斗笠，再编织一个外壳斗笠。

斗笠胚锁边编织是取一根长于斗笠外围周长的竹篾，环绕成适合斗笠外围周长的圆，放置于编好的斗笠半成品上，将圆形以外的竹篾反向翻折穿插进相邻的竹篾之下，通过拉扯和勒紧的方式加固边缘，以此达到不易松散的目的。最后，将多余的竹篾修短修齐，这就完成了基础的锁边。

2.斗笠夹层填充及后整理

惠安女黄斗笠制作工艺独特讲究，完成编织部分后，还需在斗笠胚和斗笠外壳之间按照一定的规律加入多层牛皮纸和晒干的棕叶等，才可将斗笠的各个部分进行组装，如图4-3-4所示。联结斗笠胚和斗笠外壳的方式则较为简单，类似于手工缝制中的平缝法，用宽度约为0.3厘米，长度为斗笠边缘周长两倍的竹篾作为线，用锥子辅助钻孔后插入，每针之间距离较宽，整个边缘缝制8~10针，由此斗笠内外的联结便完成了，斗笠做完以后要上黄色油漆防水，晾干再一层一层叠加成型，这样制作的斗笠可以佩戴至少一年的时间。

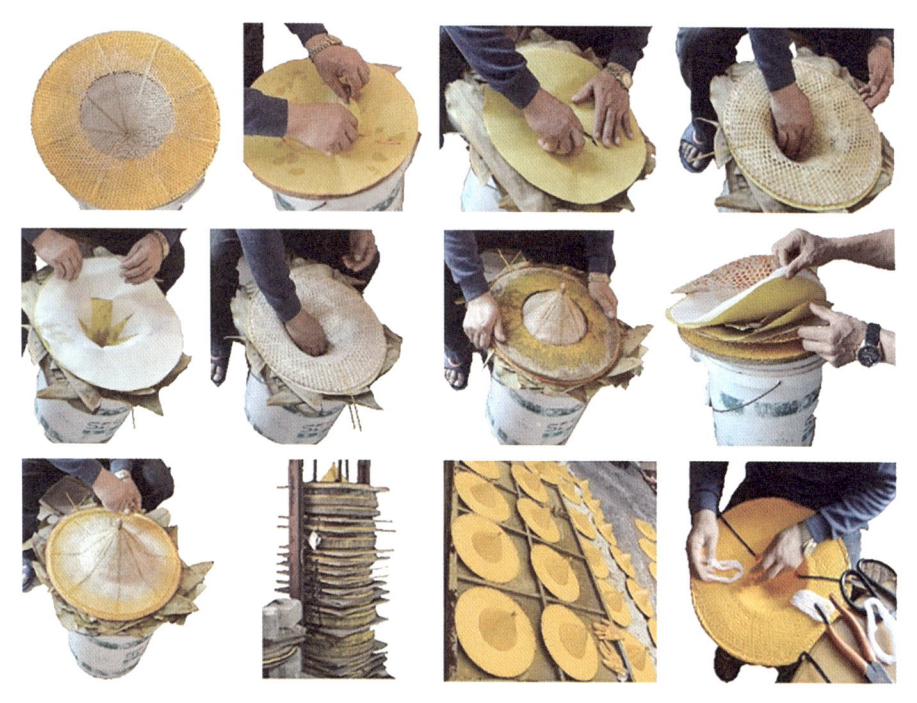

图4-3-4　斗笠夹层填充及后整理工艺

二、塑料腰带编织工艺

20世纪60年代塑料工业大发展时期，惠安渔女的编织腰带由塑料丝创作编织而成，在造型表现上多以几何纹样的形式呈现，多为不同颜色的塑料丝穿插编织的菱形纹样，编织技法比较单一，主要通过色彩搭配，构成二方连续或者四方连续纹样，极具审美的节奏性与韵律感。一根腰带要用50多根不同颜色的塑料丝进行有规律的组合，充分反映了渔女们的智慧和独特审美。《艺术的起源》一书中所言："节奏的原则不是原始的艺术家所发明杜撰，它同样是对一种习惯的研装。"[1]

惠安女塑料腰带编织工艺是融合了多种绳编工艺演变而来的，主要采用经纬编织法：以9股编为例，以一挑一压的方式，沿同一方向编织至合适长度，再反向编织，以此重复。惠安女塑料腰带编织工艺编织前的工具和材料准备都较为简单，除绳编的主要材料塑料绳外，找一个能挂结的地方，就可以编织，靠的是灵巧的双手。

（一）塑料腰带的编织工具与材料

惠安女塑料腰带编织工艺无须多余的辅助工具，只需将腰带起始部位用线绳固定于一端，使之不易移动，便可随时随地进行编织。惠安女塑料丝编织腰带宽度为8厘米左右，长度则根据腰围而定，通常需要事先准备好长度约为实际腰围3倍，直径约为0.1厘米，色彩相同或不同的塑料丝作为编织材料，且将塑料丝3根拧为一股，共准备15~18股，左右两侧总数为30~36股（图4-3-5）。

图4-3-5　塑料腰带编织

（二）塑料腰带的编织过程

1.塑料腰带起头的编织

首先，取两组塑料丝，一组横向摆放，另一组环绕横向组的中心点交叉摆放。其次，取第三组塑料丝横向摆放，置于交叉摆放的塑料丝之上，后将第一组塑料丝自然下垂，放置于第三组塑料丝之上。此时，塑料丝可分为左右各三组的两大部分，两部分各自通过一挑一压、一上一下、相互交叠的方式编织一遍。最后，取第四组塑料丝

---

[1] 格罗塞:《艺术的起源》，北京出版社，2012，第78页。

置于两部分中间交叉的两组塑料丝之下,继续通过上述方法编织一遍,塑料腰带的起头部分便完成了。

2.塑料腰带主体的编织

塑料腰带主体的编织只需按照上述方法编织即可。需要注意的是,上文提到的惠安女塑料腰带编织中的塑料丝并非单股,而是三股并成的一大股,且之间交替着不同的色彩,编织过程中呈现的样子为三股并列。因此,编织时应格外注意塑料丝之间不可拧转交叠,不同色彩的塑料丝位置也应整理清楚。

3.塑料腰带收尾的编织

取任意一边的塑料丝沿用上述方法编织至另一边的尽头后,再继续编织回起始部位。最后将散落的纵向塑料丝与横向塑料丝打结系牢,后用打火机稍微点燃使塑料丝熔化连在一起。为使得腰带更加牢固,惠安女们多数还会用针线稍作固定,以防散落。塑料腰带整体编织部分完成后,还需在腰带的背面缝制一块与腰带长度、宽度几近等大的面料,多为白色,目的在于加强塑料腰带的牢固度和易用性。

第四节　蟳埔渔女服饰"薯莨染"染色工艺

"薯莨染"渔衣是惠安和蟳埔渔女早期出海从事渔业的服装。制作时,将植物薯莨根块捣烂,用来染衣及渔网,具有不怕海水湿泡、耐腐蚀、不易脏的特点,由于染色后成红色,当地人称为"柴汁红衣"。蟳埔女的"讨蚵装"就是选择当地的薯莨作为染色材料染成的,这种工艺称为"薯莨染",薯莨富有的单宁及胶质具有防腐、防水、爽肤不黏身的功能,满足渔女在海边作业时海水浸泡及风吹日晒的工作环境。薯莨是薯蓣科藤本植物,长可达20米,块茎外皮呈黑褐色,凹凸不平,断面新鲜时呈红色,茎呈绿色,无毛,单叶片,革质或近革质。《晋江民间风俗录》"货之属"介绍薯莨:"茎蔓似薯,根似何首乌,皮黑肉红。"❶

一、薯莨染的历史渊源

明弘治十六年(1503)修成的福建《兴化府志》(兴化府为今福建莆田一带)中有一种叫作薯瓤或薯郎的染料,被当地海边的居民作为服装染色原料使用。薯瓤彭志作薯郎,出山中,其树藤生,其根头如芋,四五相连。舟人捣烂作瓤,用以染衣及

---

❶ 李灿煌等:《晋江民间风俗录》,厦门大学出版社,2010,第255页。

网，谓耐雨水，彭志新增。❶ 直至明末清初，广东学者屈大均（崇祯三年至康熙三十五年）（1630—1696）的笔记《广东新语》才对薯莨染的应用有相对详尽的记载："薯莨产北江者良。其白者不中用，用必以红，红者多胶液，渔人以染苎罾，使苎麻爽既利水，又耐碱，潮不易腐，薯莨胶液本红，见水则黑。诸鱼属火而喜水，水之色黑，故与鱼性相得。染苎罾使黑，则诸鱼望之而聚云。"❷ 即用薯莨染色的渔网遇水变黑，有聚鱼的效果。

薯莨最早被用于增色剂与其他染色剂混合使用，明代中前期《邵武府志》言：薯郎，土人染深青布帛，既成复熬其根，取红汁加于青上，以助其色。乾嘉道年间，植物学家吴其浚提到闽广人"煮汁染网罾"，光绪年间《恒春县志》有"沿海渔家，熬汁染罾网，入水经久不烂。又染布，制篷驶及衣裤，皆黄赭色。"❸ 而后人发现经薯莨染色的织物可达到长时间防腐、防水的功效，便将薯莨作为一种特殊染色原料。到了清代中期，传统的植物染可分为热染和冷染两种方式。

葛布，又称罾布，"以罾为布，渔家所作。着以取鱼，不忧风飓。小儿服之，又可避邪魅"❹。晋江诗人也有诗句描述过讨海人穿薯莨衣，《牵罾》：风的世界浪的天空，讨海人穿上赭色薯莨衣，犹如蛟龙一般，海和天一色，天和海无边连，犷悍的血液融入浩浩宇寰晃荡，由它颠簸由它心，站得稳稳当当，像鸥鸟凭信桅杆。❺ 过去薯莨除了用来染衣及纱线外，也大量地用来染棉麻编制的渔网，这主要是因为薯莨富含单宁及胶质，染色之后能加强纤维韧性，并防止海水腐蚀渔网纤维。在棉麻织品时代，沿海居民普遍用来染衣、染网、染帆，既能减缓棉麻织物湿后未干的腐烂，也能避免吸了水的网、帆因过重而难以操作。

二、薯莨染的工艺流程

明代泉州风行薯莨衫，沿海人染布织衣。早期用荔枝木或龙眼木，将荔枝木或龙眼木破皮碎块在大锅里熬煮两三小时，待锅里的水变成红色涩水，浇洒在帆布（棉布）上，连续三四次，便染成褐色，帆布体积小可整件放在涩水桶里浸泡，晾干后再

---

❶ 周瑛、黄仲昭：《重刊兴化府志》，蔡金耀点校，福建人民出版社，2007。
❷ 屈大均：《屈大均全集（四）广东新语》，卷〈草语〉李默校点，印刷本，第664-665页。
❸ 陈文纬：《恒春县志》卷九《物产，草之属》印刷本。
❹ 屈大均：《屈大均全集（四）广东新语》卷〈货语〉，李默校点，中华书局，第15页。
❺ 刘志峰、吴谨程、林文滩：《诗歌晋江》，海峡文艺出版社，2015，第7页。

浸，反复两三次即成，所以称为"涩衣"，也称"柴汁染"。染过的帆布变厚，经得起风吹、日晒、雨淋，适合渔民穿，后来荔枝树和龙眼树木材供不应求，即改用薯莨替代，故称"薯莨衫"。薯莨染分为冷染和热染，薯莨与荔枝木和龙眼木的成分不一样，薯莨中含有的丹宁与胶质不便于过度加热。从学理上来说，温度高，单宁扩散速度较大，但温度若超过70°（一说60°），其中所含的淀粉便会开始糊化，影响单宁抽出率及纯度，若温度过低，一部分高温溶解的单宁会难以抽出，故最佳温度应是接近但低于淀粉开始糊化的温度，❶因此，一般采用冷染。

（一）工具及前期处理

盛装染液的容器为木桶、陶瓷器皿、塑料制品等，根据染的织物多少，确定染缸的大小。捣碎薯莨的工具各式各样，有刀、锤、石臼和自制的"薯莨锉"。生于1942年厦门港的渔民黄朝乞自制的"薯莨锉"是用渔具行做钓钩铁片余下的长三角形废材制成的，木板的长、宽、厚约为50厘米×20厘米×2.5厘米，其边缘距短板边两端分别约为15里面、22厘米（即长边不对称）、距长板边约4厘米，即在约14厘米×12厘米的矩形范围内，将长、宽、厚约2厘米×0.5厘米×0.2厘米的三角形铁片尖端朝下，以平行于木板长边的方向钉入，至突出板面0.4—0.5厘米，每间隔约1厘米钉一个，这样的工具锉5千克薯莨费时0.5~1小时。❷

薯莨制液前期处理需制备薯莨根块，分为去皮和不去皮两种，一般是不去皮，只是洗干净薯莨外面的泥土，去掉外表根须。以刀切块再捶打成渣的方式很普遍，也有以木制或铁制榔头直接在石块上捶打，或用"薯莨锉"锉碎。

（二）薯莨液的调配

乾嘉道年间植物学家吴其濬在《植物名实图考》中记载薯莨：此物"产闽广诸山，蔓生无花，……土外皮紫黑色，内肉红黄色，节节向下生，每年生一节，野生，土人挖取其根，煮汁染网罾，入水不濡。"❸从这段记载中得知，福建渔网是通过薯莨块根煮成汁再染色的，属于热染，这与蟳埔村的考察记录是相一致的。蟳埔红衣的薯莨染液配置工艺流程为先以捣碎的方式将薯莨根块在容器中捣烂成渣，然后倒入锅中加水煮烂，加水的比例一般是1∶10，例如1千克薯莨块，配置10升水。黄晨师傅介绍说，薯莨液的配比也不是绝对的，如果想染得红一些，水就少放一点，浓度大一些。根据

---

❶ 吴思敏、刘淑英、黄宗媛，等：《作为栲胶原料的莨薯与荔枝》，《厦门大学学报（自然科学版）》1956年第3期。
❷ 贾俐文：《中国海洋文化中薯榔染的起源与工艺技术》，《闽商文化研究》2012年第1期。
❸ 吴其濬：《植物名实图考》卷九《山草类》，商务印书馆，1957，第213-214页。

自己需要颜色的深浅和染色次数，凭着经验加水，配置一次薯莨液最多可以反复染三次，超过三次就不上色了，所以要按需配比染液，并且在当天使用完，因为薯莨液中的单宁存放越久活力越低，同时温度较高时薯莨也会变质。煮烂的薯莨液还需要过滤掉薯莨渣，才能得到薯莨的汁液，过滤的方法一般为用细麻布或者蚊帐布、纱布等包住反复加水过滤（图4-4-1）。

薯莨染的冷染工艺是通过物理外在压力捣烂薯莨，一般用刀将薯莨切成薄片或者小块，不用加水，直接放在容器里捣烂。如大量生产一般借助机器，通过破碎机搅碎，然后加水倒入过滤的容器，不断加水过滤薯莨液，按加水的顺序分为头道水、二道水、三道水等，染色过程也是根据滤液的顺序循序渐进一次、二次、三次等不断染色，一件衣服冷染同样也要染20次左右。

图4-4-1 薯莨根块及薯莨液

（三）浸染方法

薯莨染色的浸染工艺是重要的染色流程，能否染色成功取决于自然条件。薯莨染衣过程对自然条件有多项要求，户外的风力、温度、阳光要求都要达成一致性，缺一不可。在配置染液之前，要看好天气，预测有太阳的晴天，温度在35~37℃，温度过高染出来的颜色会变黑，同时必须有太阳照射，只有温度达到但没有太阳照射，也是达不到染色效果的，所以一般选择春天或者秋天染色，4~5月或10~11月的天气最佳。

染液配置同样离不开自然条件，在具备适合的染色自然条件后，才能开始配置染液。如果1件上衣需要500克薯莨，10件就需要5千克，但5千克薯莨不要一次性煮烂，配一次染液可以染3遍，5千克薯莨就要分成7次煮染。如果遇到不好的天气，不能及时染色，染液就会被倒掉，浪费了薯莨。浸染技艺是将缝制好的棉麻衣物放置在染液中，一般浸染的时间一次不超过4个小时，拿出来摊平晾至不滴水后，再次浸染，一次染液可以反复浸泡三次，一天内完成，染完后的染液须倒掉，不能使用了。第一次配置的染液染完后，衣服要平铺晒干后再进行下一轮染色，同样，下一轮要再重新预测天气，重新配备染液，重复这个过程一般要经过七轮。整个过程要染20遍左右，完成时间长达2个月之久，所以蟳埔村薯莨染红衣一般不是单件衣服去染，而是几件一起去染或者和渔网一起染。

晾晒时同样需要自然风力和气温的配合，风力大小在6~7级，染织物在自然风力中吹动，风大和风小都会造成染色不均。此外，晾晒方式也是有讲究的，先将衣服沿着绳子边缘用夹子固定，目的是展开晾晒达到平整度，挂起晾晒容易使染液集中到衣服下摆，导致下摆颜色过深，造成染色不均，多次染色结束后，颜色已经固定，才能挂起来晾晒（图4-4-2）。

图4-4-2　反复染晒

（四）自然涨潮的海水固色技艺

在浸染工艺流程结束以后，还有一个后期处理工艺，就是固色。固色要将染好的衣服在涨潮的海水里再洗2~3遍，黄晨师傅说这样做是为了不褪色，提高耐洗度。现在我们在植物染色的过程中，依然通过加盐起到固色、促染的作用。蟳埔渔民就地取材，每天都有潮起潮落，他们充分利用涨潮海水含盐量高的特点进行固色，质朴的渔民虽不懂得高深的化学理论，却能凭着一代代积累的经验将科学理论付诸实践。

第五节　惠安渔女银腰链的锻制工艺

银腰链的组成和锻造工艺分崇武半岛和小岞半岛两个类型。崇武、山霞一带的银腰链，后面有下摆，在后腰的臀部上方为高低错层，接口由"鱼钩"与"蜂巢头"连接，寓意"连年有余"，是渔区文化的体现。小岞半岛的惠安女腰链正好相反，其多镌刻麒麟搭扣扣在腰部正前方，从后面看多条腰链整齐划一，调节长短部分被藏在腰链下面，造型上更似马来半岛民俗腰链。两地锻制工艺原理基本一样，只是在控制银链"草绳"状拧花时，方向相反。在惠安银腰链制作传承人调研中，早期的银腰链制作工艺都是传男不传女，银腰链的制作工艺烦琐，传统工序都靠手工完成。

一、熔银

熔银是把碎银或银锭放置于陶质容器内,置于炭火中猛火加温熔化,所需要的工具为炭火、陶瓷容器、银条槽,将加热熔化的银液倒入一个长方形的槽子里,冷却形成银条(图4-5-1)。通常情况下,500克银锭加热半小时后即可熔化。将冷却的银条放在木桩上,再进行锻打、制成银片。

图4-5-1 熔银

二、制银线

制银线是将熔化的银汁倒入金属质槽状模具里,凝固成细长条状后取出,通过金属质模具、铁毡、铁锤等工具,趁热将其置于铁毡上,人工连续锤打成细长银线,该过程约为一小时(图4-5-2)。

图4-5-2 锻打银片

三、拉银线

拉银线需要的工具是线床和线板(图4-5-3),把细长条状银线穿过特制线床上的金属线板,线板上有不同粗细的线孔,根据需要通过线床的拉力拉制成粗细规格一致的细银线。通常制作一条2千克的银腰带,所需的线材长度约为80米,制作线材耗时约2小时。

四、卷银工艺

卷银是将拉线板拉好的整条细银线沿管状磨具外均匀缠绕,所需工具为管状磨具、剪刀、搓线板。准备一个长条板凳,上面放一块木板,再通过一块手抓木板按住管状磨具搓动,使其卷曲成大小一致的长条银线圈,管状磨具直径将决定银线圈的大小,同时保证线管大小一致(图4-5-4),

图4-5-3 线床制银线

银腰链就是通过无数个这样的小线圈串联而成的。从管状磨具上取下线圈后依次剪开，制成大小一致的银圈，再将剪下来的圆圈从开口处一环套一环，连接成链状（图4-5-5、图4-5-6）。

五、点银

点银是将银圈通过高温焊接逐个串联成链状（图4-5-7），再用手工将接口点焊缝合，制成长条银链。传统做法是用桐油炉、脚踏式鼓风机、吹管等工具同时操作，由单人手脚并用，熟练配合完成。

六、拍平整理

银腰链基本串成后，由于小银圈在串的过程中方向随意，需要进行拍平的整理工序，须均匀轻力拍打银链使其匀直，两人配合同时向相反方向加力，把银链拧出"草绳"状，再凭巧劲和经验将"草绳"状的银链拧花拍平、拍扁，呈扁平状银链，再根据需要取对应的长度。所需工具为锤子、钳子、夹子。

七、做蜂巢头或银头束

蜂巢头和银头束是整合多股银链的挂钩，通过银头束束在腰上（图4-5-8），根据需要锤打银块，将其做成蜂巢头或银头束，用特制的凿子手工凿刻出图案。再利用蜂巢头（崇武、山霞一带）或银头束（小岞、净峰一带）把各条银链连接起来。根据顾客的需要和意愿，银腰链通常可分为三股、五股直至十股不等。重量也从2千克、2.5千克到4千克不等。所需工具为锤子、钳子、夹子、模具。

图4-5-4　卷银工艺

图4-5-5　剪银圈

图4-5-6　连接银圈

图4-5-7　点银

八、后整理

银腰链做完以后，需要清洗后整理，让其闪耀出银光。先用气焊枪给银链加温几十秒，凭经验至一定火候后，放入稀释后的硫酸溶液中氽洗约2分钟，再用清水漂洗约5分钟（图4-5-9）。所需工具和材料为气焊枪、硫酸稀释溶液、铜刷，最后展平银腰链（图4-5-10）。

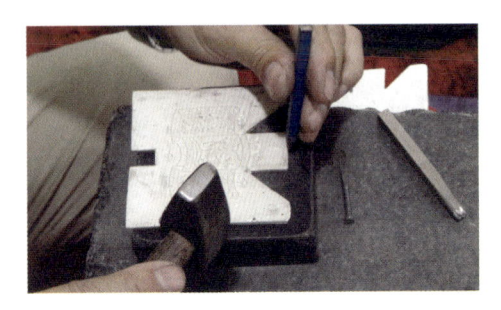

图4-5-8 银头制作工艺

图4-5-9 氽洗银腰链

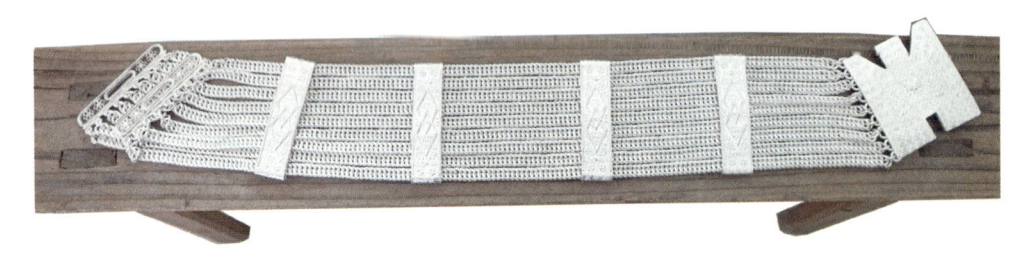

图4-5-10 银腰链

随着时代的进步，银腰链逐渐淡化为财富的象征，但更多的是对历史的怀念，对先人特色文化的传承。在文化的碰撞和演变进程中，虽然有各式各样的装饰品，但作为惠东地区的惠安女却始终以拥有一条银腰链为荣。如今，尽管从事银腰链加工制作的作坊和掌握该手艺的人越来越少，但对银腰链的需求却从未减少。

银腰链是惠安女服饰的特色饰品，与其他饰品相比，银腰链大气、美观、高贵。每次重大节庆活动中，黄斗笠与银腰链都会形成一道独特的风景。在惠安女服饰演变过程中，银腰带自始至终扮演着无可替代的角色。

第三部分
闽南"非遗"渔女服饰海丝文化融合

第五章 闽南"非遗"渔女服饰在海丝文化中传播路径

  丝绸之路是中国向世界传播文化的重要桥梁，它所传递的美学表现出中国美学与世界美学交融的历史与走势。[1]海上丝绸之路是古代连接中国与世界其他地区的重要海上贸易路线，也是古代丝绸之路的重要组成部分，它以中国为起点，贯穿东南亚、南亚、阿拉伯半岛和非洲东海岸，并延伸至地中海沿岸国家。历史可以追溯到汉代，在隋唐时期逐渐兴盛，到宋元时期，随着航海技术的进步和海上贸易的扩大，海上丝绸之路达到了鼎盛时期，这条航线促进了东西方之间的经济、文化和技术交流，被誉为"海上桥梁"。

  泉州是全国著名侨乡，早在宋元时期，已有邑人迁居海外，清末至民国时期，惠安人大批外迁，足迹遍及世界五大洲，主要移居东南亚各国以及日本、欧洲、澳大利亚等地。旅居世界各地的泉州籍华侨、华人超720万人，港澳同胞超70万人，中国台湾汉族同胞约900万人。蟳埔女所在的丰泽区就有18.2万华侨、华人，港澳同胞2.31万人，归侨侨眷8.8万人，港澳同胞眷属1.75万人，70%的外商投资企业是侨资企业。惠安为福建重点侨乡之一，1990年张省民主编的《惠安县华侨志》记载，1988年惠安统计旅外侨胞超67万人（表5-0-1）。

表5-0-1 惠安华人、华侨分布表（1988年统计）[2]

国别	人数	国别	人数
马来西亚	302 200	泰国	6 500
新加坡	128 000	越南	5 700
菲律宾	152 700	美国	7 500
缅甸	32 000	日本	3 540
印度尼西亚	29 000	其他	7 200
合计	674 340	附注：归侨11 560人；侨眷502 680人；香港66 600人；澳门3 200人。	

---

[1] 潘天波、胡玉康：《丝路漆艺与中国美学思想的传播》，《新疆师范大学学报（哲学社会科学版）》2014年第4期。
[2] 张省民：《惠安县华侨志》，惠安县侨务办公室、惠安县归国华侨联合会合编，1990，第10页。

惠安原系晋江县属地，宋代始析置为县，背山面海，人稠地瘠，滨沿之民，以海为田，长期从事航海捕鱼。明代由南洋传入番薯，适合地利，生民赖之，被称为"番薯县"。《惠安县华侨志》记载，惠，海国也，业船、捕鱼，或近或远，甚至通于外洋夷国，今惠人北上牛庄、烟台，南下厦门、吕宋、南洋，东达中国台湾、日本，此惠人开拓精神之表现也。❶

惠安女所在的惠安县华侨、华人已达85万人，归侨眷属超37.08万人，旅居港澳同胞近8.2万人。有菲律宾惠安公会总会、马来西亚惠安总会、新加坡惠安公会等30多个华侨社团。惠安与台湾隔海相望，崇武镇距台湾仅97海里。据旧志记载，惠台两地人民往来，已有500多年历史，现有惠籍台胞超90万人，主要分布在台北、高雄、基隆、台中、金门等地区。台湾基隆也有一个大岞村，就是大岞村迁移台湾后建立的村庄，大岞东宫里供奉着妈祖神像。在古老的海丝之路的形成过程中，闽南渔女服饰习俗也受到外来文化的影响，随着闽南昔日下南洋的热潮，闽南的传统服饰习俗同样影响着南洋服饰。

第一节　移民与贸易：海外传播的历史契机

一、"下南洋"移民群体的形成与迁移

"下南洋"是中国历史上持续时间最长的一次人口大迁徙，南洋是明清时期对东南亚一带的称呼，是一个以中国为参照物的概念，包括马来群岛、菲律宾群岛、印度尼西亚群岛、马来半岛等地。❷闽南人下南洋的历史可分为三个时期，第一个时期是唐五代至宋元时期，这是东南亚闽侨社会初步形成的时期，足迹远至占城、三佛齐、阇婆、古里等国；第二个时期是从明朝至鸦片战争前，这是东南亚闽侨社会进一步形成和发展的时期；第三个时期是鸦片战争至中华人民共和国成立前，这是以东南亚为主的海外闽侨社会形成和发展的重要时期。❸20世纪90年代初统计，祖籍福建的华侨、华人达800万人，分布在全世界五大洲160多个国家和地区，其中90%以上分布在东南亚各国，福建省的侨眷、归侨有500多万人，占全省总人口的15%左右。❹

---

❶ 张省民：《惠安县华侨志》，惠安县教育印刷厂，1990，第5页。
❷ 高荣伟：《下南洋：历史上持续时间最长的一次人口大迁徙》，《云南档案》2016年第9期。
❸ 温广益：《福建华侨出国的历史和原因分析》，《中国社会经济史研究》1984年第7期。
❹ 福建省地方志编纂委员会：《福建省志·华侨志》，福建人民出版社，1992，第1页。

宋元时期的泉州是东南沿海最重要的对外贸易港口之一。郑和第一次下西洋（1405—1407），率领庞大的船队从南京出发，经福建长乐补给粮食、物资和水手，然后驶向东南亚和印度洋。在中国传统的地理观念中，"西洋"是对南海以西广大海域的统称，涵盖了从东南亚的马六甲海峡到印度洋，甚至阿拉伯半岛和非洲东海岸的区域。明代的《卫所武职选簿》中有关于福建籍官员参加郑和船队立功受爵的记载，清代徐继畬的《瀛寰志略》中也有记载："明初遣太监郑和等航海招致……而闽广之民，造船涉海，趋之若鹜，或竟有买田娶妇，留而不归者"。郑和七次下西洋六次停靠在马六甲（满剌加），在马六甲设立转运物资和存储货物的官仓，马欢在《瀛涯胜览》中有对马六甲"官厂"的描述："中国宝船到彼、则立排栅，如城垣，设四门更鼓楼……去各国船只回到此处取齐"。❶郑和下西洋的船队主要是依赖季风出行和回归，错过季风就要再等半年，也有因商业贸易长期居住的华人，闽南人称下西洋为"过番"，住在西洋称"番居"。

厦门港于1843年11月2日正式开埠，厦门是清政府被迫签订的《南京条约》五个通商口岸之一，替代了漳州的民间月港，成为闽南海外贸易的重要港口，清朝末年至民国时期的东南亚移民就是通过厦门港输出。闽南地区自古便有出洋谋求发展的历史传统，厦门港的海外贸易发展促进了更大范围的海内外人群流动。❷新加坡自1819年开埠，受中国国内人口过剩、自然灾害、战乱、地主、高利贷者和官吏剥削等因素的影响，在1826—1946年英国统治马来西亚海峡殖民地期间，大量闽南人通过厦门港移民马来西亚槟榔屿、新加坡、马六甲等地，19世纪70年代至民国成立前，每年出国的闽南人都在万人甚至数万人以上。试以当时闽南人出国的主要门户厦门的统计资料为例，1879—1889年的10年间，从这里出国的人数高达415 074人，每年平均4万多人。1890—1908年的不完整统计资料也表明，每年从厦门到东南亚的人数（包括台湾和香港等地）都在5万人以上。❸根据海峡殖民地官方每隔10年所进行的人口普查，1881—1911年，马六甲的福建人人口占华人总人口19 622人的49%（包含占当地华人总人口27%的侨生），占第一位；从厦门港移民到槟榔屿的华人11年合计155 371人；1877—1904年，从厦门港出发抵达新加

---

❶ 马欢：《明本瀛涯胜览校注·满剌加国》，万明校注.海洋出版社，2005，第38页。
❷ 陈景峰：《华侨与近代厦门港口城市发展研究（1840—1949）》，华侨大学，2015，第52页。
❸ 陈翰笙：《华工出国史料汇编 第四辑》，中华书局，1981，第8页。

坡的中国移民为173 332人。❶

20世纪20年代，据《福建省一瞥》记载，厦门成为泉漳一带人民的会集地，他们"往往到南洋和台湾各地经商作业。他们从厦门出口，每年不下十万人"❷。20世纪30年代，单从厦门出国到印尼的人数，每年仍超过五千，如1932年为9 260人，1933年为11 805人，1934年为6 580人，1935年为6 679人，1936年为10 095人，1937年为14 105人。❸

据惠安县政府网站公开统计数据，在东南亚的惠安籍华侨、华人就达85万人，主要分布在马来西亚的马六甲、槟城以及新加坡，马来西亚有惠安总会、新加坡惠安公会等多个华侨社团。18世纪末，谢清高在其口述的著作《海录》中提到："闽粤人至此（指马六甲）采锡及贸易者甚众。"❹

1826年以后，英国将槟城、新加坡和马六甲这三个殖民地合并为海峡殖民地，华人称为"三州府"，海峡殖民地的总督由英王委任，当时海峡殖民地存在两类华人，一类是指出生在前海峡地区（1826—1946）的华人，接受英文教育和当地的马来文化，加上家族商业背景，多被聘为殖民贸易的中间商，英殖民者称为"海峡华人"；另一类华人是"新客"，指的是19世纪大批"下南洋"的新移民，他们接受的是华文教育，主要是劳工输入。19世纪和20世纪的"海峡华人"在新马社会扮演着重要的角色，在马来西亚经济发展的各个阶段都起到举足轻重的作用。

民国三年（1914）3月，第一个海外社团"槟城惠侨联合会"（槟城惠安公会前身）在马来西亚槟榔屿成立。1920年，旅菲华侨创立"惠侨联合会"（菲律宾惠安公会前身）。1923年，新加坡惠安公会、缅甸惠安会馆先后创立。❺

二、传播区域与分布特征

海上丝绸之路是重要的国际贸易通道，连接了中国与东南亚、南亚、阿拉伯地区、非洲东海岸和欧洲等地。广州、泉州、宁波等是海上丝绸之路的主要起点港口。尤其在宋元时期，泉州成为全球最大的港口之一，被誉为"东方第一大港"。从中国

---

❶ 王付兵：《清代福建人向海峡殖民地的移民》，《南洋问题研究》2009年第2期。
❷ 盛叙功：《福建省一瞥》，商务印书馆，1928，第30页。
❸ 傅无闷：《南洋年鉴》，南阳商报社，1951，第142页。
❹ 谢清高、杨炳南：《海录校释》，安京校释.商务印书馆，2002，第45页。
❺ 张省民：《惠安县华侨志》，惠安县教育印刷厂，1990，第1-2页。

沿海港口出发，船只经过东海和南海，经过越南、泰国、马来西亚、菲律宾、印尼等地，穿越马六甲海峡，到达印度洋，进一步连接印度、阿拉伯半岛、东非沿岸，最终通向地中海地区。泉州华侨主要聚集在菲律宾、印度尼西亚、新加坡、马来西亚以及泰国、越南、缅甸、柬埔寨等东南亚国家。

在福建侨乡族谱中有大量出国的史载，如晋江安海于明成化年间（1465—1487）陈姓有人到柬埔寨去；正德年间（1506—1521）颜姓有人到暹罗去；万历年间（1573—1619）晋江大仑菜姓和金井李姓、王姓都有人到菲律宾去；崇祯年间（1628—1644），晋江深沪吴姓有人到吧城去；嘉靖年间南安石井许姓有人到暹罗去；嘉靖年间（1522—1566）永春姑山陈姓有人到吕宋去；万历年间（1573—1620）厦门海沧谢姓到吕宋去等。今天华侨在海外分布带有地区性的特点，如晋江以侨居菲律宾为主，闽南永春、安溪以侨居马来西亚和新加坡为主，福清以侨居印尼为主，福州华侨多侨居沙捞越。[1]

（一）闽南人在新加坡分布

在新加坡的华人中，闽南人占大多数（约占新加坡华人总人口的40%以上），主要来自福建的泉州、漳州一带。闽南人通过经商、教育和政治活动对新加坡的经济发展和社会建设作出了重要贡献，许多著名的华人企业家和政治人物都是闽南人后裔。

（二）闽南人在马来西亚分布

闽南人在马来西亚主要分布在槟城、马六甲、吉隆坡和柔佛一带，他们在马来西亚经营商业特别成功，许多传统行业（如橡胶种植、锡矿业）和现代工业中都活跃着闽南人的身影，闽南话（如福建话）是马来西亚华人最常用的方言之一。闽南文化在当地的饮食、宗教（如妈祖信仰）、节庆（如中秋节、春节）中均有深刻体现。

槟城州，15世纪称为槟榔屿，中国明代永乐年间成书的《郑和航海图》中就有槟榔屿的称呼，是马来西亚十三个联邦州之一，州首府乔治市是重要的港口城市。1786年槟城被英国殖民政府开发为远东最早的商业中心，居住在槟城的"峇峇娘惹"祖籍以闽南居多，19世纪后期槟城福建五大姓：邱氏、谢氏、杨氏、林氏、陈氏在槟城进行贸易、船运、采锡、经济作物种植、鸦片饷码承包，占据支配地位，逐渐形成了主导槟榔屿闽南人社会的主流，闽商多次任"甲必丹"，协助殖民政府处理侨民事务，现在的槟城土生华人博物馆就是建在甲必丹郑景贵的府第内，被列为亚洲二十五个最值得去的博物馆之一。

---

[1] 林金枝：《从族谱资料看闽粤人民移居海外的活动及其对家乡的贡献》，《华侨华人历史研究》1991年第4期。

(三)闽南人在印度尼西亚分布

闽南人在印度尼西亚主要分布在雅加达、苏门答腊、爪哇和加里曼丹等地区。华人南迁印尼历史悠久，最初的移民多来自闽、粤两省，其中又以闽南人最多，在华人社群中，经常是以闽南语作为当地的通行方言，[1]1860年印尼华侨不过22万人，到1930年已达123万人。[2]尽管历史上曾经历政策限制和文化压制，许多闽南后裔在印尼经济、商贸和手工业领域扮演着重要角色。文化传承：闽南人带来的佛教、道教及其庙宇文化（如妈祖庙）在印尼华人社区中广泛存在。

(四)闽南人在菲律宾分布

闽南人在菲律宾主要分布在马尼拉、宿务、达沃等地，马尼拉是菲律宾的首都，也是华人最集中的地区，这里有世界上最古老的唐人街之一，是许多华人经商的聚集地。宿务是菲律宾第二大城市，也是重要的商业和贸易中心。这里的华人多从事进出口贸易、批发和零售行业，一些华人家庭在宿务已经居住了数代，华侨群体相当活跃。达沃是菲律宾南部棉兰老岛的主要城市，这里的华人多从事农业和农业产品贸易，如香蕉和椰子出口，近年来，随着棉兰老岛的经济发展，更多华人开始参与当地的工业和基础设施建设。

菲律宾的华人绝大多数来自福建的闽南地区，以晋江、石狮、南安、惠安、鲤城、丰泽、洛江等市区县为主。1571年，马尼拉的华侨只有150人，1603年则达近3万人。1605年有18艘帆船运载5500名中国人抵达菲律宾，1606年有25艘帆船运载6533名中国人抵达菲律宾。[3]从福布斯公布的世界富豪排行榜看，菲律宾的富豪多为华人，绝大多数是闽南籍，在菲律宾的闽南人社会，社团很多，有各种商会、行业会、宗亲会、同乡会、校友会等，每个会都有理事长、名誉理事长、执行理事长、副理事长、理事等，华人社团据传共有2000多个。[4]

(五)闽南人在泰国分布

闽南人在泰国主要分布在曼谷、普吉岛等地，虽然福建籍的华人数量不如其他东南亚国家，但他们在泰国的政治、工商、金融、旅游和传媒等行业中也发挥着举足轻

---

[1] 李如龙：《东南亚华人语言研究》，北京语言文化大学出版社，2000，第165页。
[2] 李学民、黄昆章：《印尼华侨史》，广东教育出版社，2005，第216页。
[3] 艾马·布莱尔、詹姆斯·罗伯特森：《菲岛史料》卷十四，台湾银行经济研究室，1965，第189-191页。
[4] 胡沧泽：《闽南文化在菲律宾的生存与发展》，载福建省炎黄文化研究会、世界（澳门）闽南文化交流协会主编《闽南文化的当代性与世界性论文集》，海峡文艺出版社，2014，第160-167页。

重的作用。据福建莆田城关《林氏族谱》载，永乐年间（1403—1424），他们的先人已到泰国经商谋生。❶嘉靖（1522—1566）后期，福建漳州"土著民醵钱造舟，装土产径望东西洋而去，东洋若吕宋、苏禄诸国，西洋暹罗、占城诸国及安南交趾"。❷据《瀛涯胜览》记载，十二月"自福建福州府长乐县五虎门开船，往西南行，好风十日可到"占城，"自占城向西，船行七昼夜，至其国"。❸

此外，越南、缅甸、柬埔寨、老挝及文莱等东南亚国家也有一定数量的闽南籍移民。这些移民在当地主要从事餐饮、食品加工、旅游、制鞋、纺织、金饰加工、建筑以及金融等服务行业。由此可见，闽南人下南洋的移民主要分布在东南亚国家，尤其是新加坡、马来西亚、印度尼西亚、菲律宾和泰国等国家。他们在这些国家形成了庞大的社群，并积极参与当地的经济和社会发展。

第二节　跨国婚姻：服饰习俗海外传播

一、跨国婚姻推动服饰文化传播

闽南人称下南洋为"过番"，常住海外称为"番客"，在国外与当地人成婚，称外国妻子为"番婆"，生下的孩子，被当地称为"土生华人（Peranakan Chinese）"，"Peranakan"马来语中是"土生土长"之意。咸丰元年（1851）泉州籍御史陈庆镛，在《请办闽省会匪疏》中说：窃惟福建漳州府属之龙溪、海澄等县民人，多往苏禄、息力、吕宋贸易，每就彼国娶妻生子，长成挈回。其人俗谓之"土生子"。❹万历年间成书的《东西洋考》对流寓泰国的华人也有着类似的叙述，泰国"妇见华人慕悦之，置酒款接留宿，酣狎以为常，夫不能禁也"。❺

越南会安（Hoi An）是东南亚重要的国际贸易港口之一，闽南人很早就来到越南会安并成为明乡人主体，跨界族群在此流动，华人在此经商并组成跨国家庭，产生不同程度的文化合成和人种混血。会存留下不少17—19世纪的族谱、碑铭、契约等民间文献，集中反映了华人"两头家"状况，随着华人继续移动，"两头家"甚至演变

---

❶ 福建省华侨志编纂委员会：《福建省华侨志》，1989，第14页。
❷ 顾炎武：《天下郡国利病书.续修四库全书》，上海古籍出版社，1995，第292页。
❸ 马欢：《瀛涯胜览》，商务印书馆，1937，第29页。
❹ 陈庆镛：《请办闽省会匪疏》，上海古籍出版社，2002，第493页。
❺ DAVID K. WYATT. *Thailand: A Short History*（Now Haven: Yale University Press，2003），p.95.

为"多头家"。如《明乡朱氏族谱》记：大儿子是伯就（Batuu）他去各省考察贸易情况，到平定县新光地方遇见许多在那生活的熟人，所以他有在那里定居做生意为生的打算。他看见亲近熟人都娶安南妇女作为妻子，使经营工作更顺利，更容易成功。❶

随着华人移民的不断增多，与当地土著的通婚繁衍现象也不断增加，印度尼西亚的"帕拉纳坎"（Paranakan）、马来西亚的"峇峇娘惹"（Baba Nyonya）、菲律宾的"梅斯蒂索"（Sangley Mestizo & Chinese Mestizo）等都是指混血后裔。❷ 在泰国华人与当地泰族通婚，号称"洛真"（Lukjin）的混血子孙，几乎都自认为是华人。❸

最具典型的就是东南亚华人混血后裔"峇峇娘惹"族群，男性孩子称为峇峇（Baba），女性孩子称为娘惹（Nyonya），但也有人认为这个词是从福建话"nio-nio"转变而来，即"娘娘"的意思，因此娘惹取名常用"娘"字，如金娘、美娘、惠娘等。❹1672年前后，印度尼西亚三宝垄也有不少"娘惹"（Nyonya华人妇女）。这些"娘惹"从何而来呢？当然，由中国人的父亲和土著的母亲结合而来。这里没有一个纯中国血统的华人妇女。❺菲律宾的华人与当地人通婚也是普遍现象，在19世纪后半叶，在菲律宾约550万人口中，有15万~30万的华人混血儿，约占当时全国总人口的6%。❻

"峇峇娘惹"最早源于马六甲，指最初定居在马六甲华人男子与当地马来女子通婚所生的孩子，槟城和新加坡港口开埠后，马六甲华商由于商业贸易往返槟城和新加坡，现存马六甲峇峇娘惹祖屋博物馆位于有"马六甲富豪街道"之称的敦陈祯禄路，也是"峇峇娘惹"居住的街道，"敦"是马来西亚最高元首赐封的最高勋衔，陈祯禄祖籍漳州，出生在马六甲的峇峇家庭，是马华公会（马来西亚最大华人执政党）创办人，当地政府为了纪念陈祯禄，特将故居荷兰街易名为"敦陈祯禄路"，可见当时峇峇富甲一方。在东南亚的华人与当地族群通婚，依然保持中华传统，这也与华人经济地位决定的。在印度尼西亚，嫁给华人的土著妇女总是在华人亚社会抚养自己的孩子，但她们并未成为沟通各种亚社会的桥梁。同样，在泰国和印度支那，尽管通婚造就了一种中间形态的社会文化模式，但华人亚社会依然完整如初。❼

---

❶ 张侃、壬氏青李：《17—19世纪越南会安华人家庭与妇女》，《全球史评论》2014年第12期。
❷ 庄国土：《论东南亚的华族》，《世界民族》2002年第3期。
❸ 潘翎：《海外华人百科全书》，三联书店（香港）有限公司，1998，第222页。
❹ 高波、峇峇：《多元文化的"混血儿"》，《中国文化报》2009年7月15日。
❺ 林天佑：《三宝垄历史：自三保时代至华人公馆的撤销》，李学民，陈巽华译．暨南大学华侨研究所，1984，第38页。
❻ 魏安国：《菲律宾生活中的华人》，吴文焕译．世界日报社、菲律宾华裔青年联合会，1989，第131页。
❼ 马戎：《西方民族社会学的理论与方法》，天津人民出版社出版，1997，第417页。

二、闽南传统民俗仪式推动服饰文化传播

海上丝绸之路不仅是商品贸易的通道，闽南传统民俗文化随着人群的迁移传向海外，同时其他地区的文化、宗教（如伊斯兰教）也传入中国。海上丝绸之路是一条文明互鉴之路，人类的进步离不开文明的交流与借鉴。一个族群的文化认同具备共同的文化要素，如服饰、语言、民俗节日等。东南亚是闽南人到海外谋生的主要聚居地，闽南文化随着移民被带到了东南亚，丰富了当地社会文化，影响着当地人民的生活，华族社会依旧保持着对中华优秀传统文化的信仰、价值观、习俗及其外部表达方式，包括生活方式、节日民俗、宗教庆典、服饰和饮食习惯等，中华优秀传统文化能够在东南亚扎根和传承下去，其背后的推力主要来自三个维度，它们分别是华人家庭、华人社会（社团）、华人祖籍国（中国）。这些影响既有社会文化方面的，也体现在生活起居方面。[1]

马六甲和乔治市（槟城首府）2008年被列入世界文化遗产名录，"峇峇娘惹"文化成为马六甲和槟城的遗产文化，历史文化街区和非物质文化遗产的民俗活动、礼仪、节庆、传统手工技艺等文化生态紧密联系在一起。"峇峇娘惹"文化吸引了大量的游客，最具物质文化的认同的是"娘惹"服饰和"娘惹"菜，成为"峇峇娘惹"文化的认同符号，"娘惹"服饰不论从物质文化还是精神文化，都具有独特的文化识别性，"峇峇娘惹"文化是混合文化，本质传承了中华文化，同时受马来文化和欧洲殖民文化的影响形成了独特的服饰群体，在"海丝"文化中具有重要的保护价值。

---

[1] 程晓勇：《中华文化在东南亚华族社会的传承——特点、推力及其影响》，《广州社会主义学院学报》2016年第1期。

第六章 闽南"非遗"渔女服饰的跨文化融合

任何一种文化模式，都是特定的文化生态环境的产物，每一个民族都有自己独特的文化模式。华人移民及其后裔在东南亚长期定居和生活，历史上形成了一个独特的民族——华族，在这个过程中也产生了本民族特有的一种文化模式——东南亚华人文化。[1] 移民是文化传播的重要途径之一，特别是19世纪末至20世纪初的华人移民，闽南渔民和商人频繁往来东南亚，将闽南的生产生活方式、文化习俗保留和传承下来，其中包括传统的服饰文化等，带入东南亚沿海地区，同时与东南亚其他文化元素混合。这种混合可以在服饰设计和风格上体现出来，产生新的变化和发展，形成独特的跨文化融合风格。在东南亚的华人社群中，许多传统服饰仍然保留，如马六甲的"娘惹"服饰就受到闽南和马来服饰的双重影响。

闽南的渔女服饰作为一种非物质文化遗产，在东南亚的跨文化融合是多重历史、经济与文化因素交汇的结果，特别是在海上丝绸之路的推动下，闽南文化与东南亚各国之间形成了长期的文化互鉴，影响深远。闽南渔女服饰在东南亚的跨文化融合，是海上丝绸之路贸易交流和文化互鉴的结果。如今，在全球化和非遗保护的背景下，渔女服饰不仅作为华人文化的一部分被传承和创新，也成为东南亚多元文化融合的象征，展现了海上丝绸之路的文化交融魅力。在全球化背景下，东南亚华人社群对自身文化认同的需求增加，闽南渔女服饰在节庆活动、传统婚礼等场合中重新受到重视，重新认识并接受渔女服饰的文化价值。

---

[1] 曹云华：《变异与保持——东南亚华人的文化适应》，中国华侨出版社，2001，第237页。

第一节　闽南传统服饰跨文化融合的成因

一、海外华人对中华文化的自觉认同

文化自觉指生活在一定文化中的人对其文化有"自知之明"，明白它的来历、形成过程、所具的特色和它发展的趋势，不带任何"文化回归"的意思。[1]一个族群的文化认同具备共同的文化要素，如服饰、语言、民俗节日等。峇峇、娘惹服饰文化是在特殊的历史文化环境下产生的，一个族群的民俗习惯是在群体认同和自觉传承下形成和发扬的，是区别于其他族群的，成了海峡华人社区的一个重要的文化标志。离乡不离俗，闽南传统节日春节、拜天公、元宵节、中元节等习俗的海外传承是华人对民族文化认同的体现，起到凝聚和向心作用，成为土生华人相互联系的纽带，加强土生华人族群的文化身份的认同。

服饰习俗的传承伴随着礼仪习俗的传承，中华礼仪服饰代表着中华礼仪之道，是以"礼"为中心的儒家思想礼俗文化的体现。娘惹服饰特征及行为规范源于中华民族的服饰文化根源，19世纪马来西亚槟城、马六甲峇峇娘惹受闽南文化的影响较大，娘惹服饰习俗从早期长衫（Baju Panjang）到卡峇雅（Kebaya），从造型和装饰从未脱离过中华传统服饰文化，形成东南亚独特的娘惹服饰文化。他们秉持了中国式的信仰，孝顺父母、尊崇祖先，在马来西亚槟城和马六甲的峇峇娘惹博物馆，这所土生华人的住所里，墙壁上依然挂着祖先的画像。娘惹的生活习俗在父系主权下接受中国式大小姐的教育，虽然身在海外，但她们依然入住绣楼，12岁待字闺中就开始进入绣楼，直到出嫁才能下楼，学习刺绣女红、琴棋书画、中式礼仪及烹饪，接受儒家思想教育，培养将来的贤妻良母。她们要送给新郎亲手绣的珠绣拖鞋、珠绣腰带和腰包，腰带是马来服装特有的配件，但刺绣的图案是凤凰牡丹、八仙法器、十二生肖等具有中华特色的纹样，小娘惹在绣楼上不仅要学习刺绣，还要学习三从四德等儒家思想、礼仪持家和烹饪技艺，以致娘惹菜和珠绣工艺成为娘惹文化中最具特色的文化遗产。

峇峇娘惹为期12天的婚俗礼仪就是传承于闽南的传统婚俗，"梳头"（Chiu Thau）和"纳彩"（Lap Chai），结婚礼服、新房、嫁妆、敬茶和长桌宴等都极具隆重、精致、有仪式感，峇峇新郎身穿长袍马褂，头戴瓜皮帽，手持折扇；新娘头戴凤冠，柳叶如

---

[1] 费孝通：《论人类学与文化自觉》，华夏出版社，2004，第188页。

意云肩，缎面锦绣长袍搭配马面裙，长袍上绣满凤凰、孔雀等寓意吉祥的图案，新娘佩戴黑色纱巾盖头，这个新娘黑色纱巾盖头，是福建泉州一带的习俗，新娘婚后第3天至第12天改戴簪花花冠，婚后12天回娘家敬茶才能完成，马来西亚槟城峇峇娘惹博物馆婚房陈列室中还保存着闽南新娘出嫁时的"带路鸡"模型，这些都沿袭了明清时代的福建传统婚礼习俗，体现了海外华人对传统民俗文化的自觉认同与传承。槟城和马六甲土生华人展馆里不同时期的娘惹金玉首饰、珠绣、金苍绣织物等，熟悉的造型、装饰纹样以及刺绣工艺，却是出自异国且从未回到祖籍的华人后裔之手，昔日富甲一方的闽商赋予女儿富贵生活，同时传承的是中华文化的脉络，儒家思想的价值观。

二、海外华人接受多元文化的主动性和被动性

峇峇娘惹族群在马来西亚多元文化并存的环境下，为了立足异乡并融入当地，获得社会认可，必然会主动或被动接受外族文化。扎根于东南亚的华人的文化，不可避免会逐渐与当地其他族群文化混合，这是因为共同地域、共同经济和社会生活、共同的政治认同，潜移默化或强制改变文化属性。[1]峇峇娘惹族群就是最典型的代表，为了便于语言沟通与交流，便于取得居住权和参与社会活动的权利，华人与当地女子通婚是融入当地社会的有效途径之一，作为中马混血的峇峇娘惹受到父亲和母亲的不同宗教信仰、不同民族文化影响，被动接受当地信仰及民俗习惯，现在马来政府规定：华人与马来人结婚就要成为穆斯林，下一代生下的小孩也是穆斯林不能改教，面对本土以伊斯兰教为主的马来文化，与峇峇娘惹所信奉的佛教、道教等传统宗教存在较大差异，20世纪60年代以前峇峇娘惹在马来西亚还是土著身份（Bumiputra），后来由于政治原因，土生华人统一被归类为马来西亚华人。峇峇娘惹族群既有马来人背景，又有华人的背景，同时又接受了殖民统治时期英国人的教育，所有现在华人方言中还掺杂了大量当地外族语汇，在多元文化环境下主动或被动地增强生存适应能力，峇峇娘惹服饰文化是在中、英、巫（马来民族统一机构UMNO，马来语读"巫木诺"，简称巫统）等多元文化综合背景下形成的。

海外华人具有浓厚的宗乡观念，自发成立宗乡社团，共同传承原乡风俗传统和家族文化。以地缘为组织的乡团会馆组织在推动闽南文化方面不断努力作出贡献，马来西亚政府社团注册局2001年6月的统计，华人社团有7276个。最具代表性的峇峇——陈

---

[1] 庄国土：《论东南亚的华族》，《世界民族》2002年第3期。

祯禄倡导"华人若不爱护华人的文化，英人不会承认他是英人，巫人也不会承认他是巫人，他将成为无祖籍的人，失掉自己文化熏陶的华人，绝对不会变得更文明"。土生华人一直重视华文的教育，1819年在槟城建立第一家华教私塾"五福书院"一直延续至今，马来西亚目前独立华文中学已有60多所，华人独立出资，主动承担海外华人后裔的中华文化教育，峇峇娘惹文化是中马文化交流融合的代表，是华侨华人极具特色的文化符号和珍贵文化遗产。

三、闽商经济地位推动了传统服饰习俗的海外传承

经济是文化的前提和基础，经济决定文化，文化又反作用于经济。闽商在马来西亚经济发展的各个阶段起到举足轻重的作用。2012福布斯富豪榜显示：新加坡华人富豪前10位中，闽籍华人占8位，马来西亚富豪前9位中，闽籍华人占6位，印尼富豪前7位中，闽籍华人占6位。❶峇峇娘惹主要指新加坡、马来西亚槟城和马六甲出生的混血华人后裔，也是华人富商后裔的代名词，马六甲、槟城峇峇娘惹祖籍多为闽南人，昔日的峇峇们在马来西亚港口贸易和金融方面占据了重要的地位，槟城福建五大姓：邱氏、谢氏、杨氏、林氏、陈氏，在槟城贸易、船运、采锡、经济作物种植方面曾经占据支配性地位。❷闽商多次任"甲必丹（Captain）"，清人薛福成《出使四国日记》中提到：荷择其贤能者为玛腰、甲必丹等官，专理华人事务，1619年厦门同安苏鸣岗任首位"甲必丹"。马六甲峇峇娘惹博物馆位于有"马六甲富豪街道"之称的敦陈祯禄路，"敦"是马来西亚最高元首赐封的最高勋衔，陈祯禄祖籍漳州，出生在马六甲的峇峇家庭，是马华公会（马来西亚最大华人执政党）的创办人，当地政府为了纪念陈祯禄，特将故居荷兰街易名为"敦陈祯禄路"，可见闽商当时富甲一方。槟城州打铜仔街120号孙中山槟城基地纪念馆，记录了一代伟人孙中山先生五过槟城募款的革命历史，同盟会南洋机关总部曾由新加坡迁至槟城，1910年12月20日，孙中山在槟城创设槟城第一份华文报纸《光华日报》，取名"光华"，意为光复中华，是至今世界报业史上发行最悠久的华文报，槟城土生华人华侨给辛亥革命提供巨大的支持。

人类文明发展离不开传统文化和外来文化，海上丝绸之路突破人类海洋的限制后，以海洋为通道进行物产的交流、思想的碰撞、文化的融合而产生新的文明。❸闽南传统服

---

❶ 卢承圣：《辉煌灿烂的福建海丝文化》，海峡文艺出版社，2016，第310页。
❷ 黄裕端：《19世纪槟城华商五大姓的崛起与没落》，陈耀京译，社会科学文献出版社，2016，第1页。
❸ 苏文菁：《海洋与人类文明的生产》，社会科学文献出版社，2016，第5页。

饰文化通过海上丝绸之路漂洋过海到南洋群岛，在与外族文明相互交融中形成独特的娘惹服饰文化，古老海丝之路不仅带动经济的繁荣发展，也促进了不同文化的交流与碰撞。

文化生态是生态理念与文化的融合，一个地方之所以具有特殊性，不是因为它具有某种长期的内化历史，而是因为它是由特定的社会关系群构成的，在特定的地方相遇并交织在一起。[1] 峇峇娘惹服饰是时代政治、经济、文化背景下特殊的服饰文化生态结构，峇峇娘惹已从土生华人统一划归为马来西亚华人，马六甲和乔治市（槟城首府）2008年被列入世界文化遗产名录，峇峇娘惹文化成为马六甲和槟城的遗产文化，历史文化街区和非物质文化遗产的民俗活动、礼仪、节庆、传统手工技艺等文化生态紧密联系在一起。峇峇娘惹文化吸引了大量的游客，最具物质文化的认同的是娘惹服饰和娘惹菜，成为峇峇娘惹文化的认同符号。娘惹服饰不论从物质文化还是精神文化，都具有独特的文化识别性，峇峇娘惹文化是混合文化，在本质上传承了中华文化的同时，受到马来文化和欧洲殖民文化的影响，形成了独特的服饰群体，在海丝文化中具有重要的保护价值。

第二节　惠安渔女银腰链的跨文化融合

银腰链是惠安渔女服饰配件中最为耀眼的饰品，一条银腰链价值几万元，真正的"腰缠万贯"，银腰链是已婚妇女的专属，独特的海洋婚俗符号，是婚姻幸福，家庭富裕的象征。为了彰显银腰链所赋予的财富象征，惠安女的上衣越来越短，直到完全露出银腰链为止，节约衫也由此而来。通过对银腰链发展起源的探索，在新加坡、马来西亚博物馆华人银腰链、马来人银腰链的考察对比研究中，发现银腰链蕴含了海丝文化的印记。通过对新加坡国家博物馆、亚洲文明博物馆的考察，马来西亚国家博物馆、国家纺织博物馆、马六甲峇峇娘惹祖屋博物馆、槟城土生华人博物馆考察，广东海上丝绸之路博物馆"南海1号"考察研究，从对宋代的沉船出水的金腰链、金领链，以及清代、民国时期尚存在海外的华人腰链与惠安银腰链的比较研究，追溯惠安银腰链饰品的海丝文化渊源，探析海丝文化互鉴对海洋服饰习俗形成的影响因素。

一、惠安女银腰链的海丝文化渊源

惠安女银腰链是指系扎在裤腰上的银腰链，当地人也称为"银裤链"。通过资料查阅和当地银腰链制作传承人的口述，清代末年至20世纪30年代，银腰链一直是惠东男

---

[1] 多琳：《马西．空间、地方与性别》，毛彩凤、袁久红、丁乙译，首都师范大学出版社，2017，第213页。

性渔民流行的饰品，当时是单股腰链，腰链挂钩S形互相连接，如图6-2-1所示为清代小岞半岛渔民银腰链，崇武半岛渔民有小鱼挂钩作为装饰，小

图6-2-1　清代小岞半岛渔民银腰链

岞半岛渔民银腰链用的是钱币作为装饰，20世纪40年代才成为女性的服饰品。

　　腰带是东南亚服饰纱笼装必备的腰饰，厦门港渔民腰链是否受东南亚服饰的影响，这就要追溯到郑和七次下西洋的历史，从航海福船到招募的随从人员，福建提供了大量人力和物力，明代的《卫所武职选簿》关于福建籍官员参加郑和船队立功受爵的记载，清代徐继畬《瀛环志略》中记载："明初遣太监郑和等航海招致……而闽广之民，造舟涉海，趋之若鹜，或竟有买田娶妇，留而不归者"，福建籍的官兵商贾参与郑和下西洋的活动中，开启了闽人下南洋的热潮。新加坡、马六甲和槟城被英国殖民期间，统称为海峡殖民地，当时流通的是印有英国女王的海峡金银币，海峡金银币被大量的运用在当地流行的服饰品中，小岞半岛上的惠安女留存清代的外币发簪，一条发簪上同时有1862年的维多利亚女王币、1912年乔治五世币海峡币、荷属东印度币等多种外币，一个偏僻的渔村妇女的首饰中，就有大量的外币，可见当时海外贸易的繁荣，这些带有海丝印记的服饰品成为海丝文化的历史见证。

　　崇武半岛和小岞半岛三面临海，以海为生的生产方式，男人常年出海，当时惠安男女都穿阔腿大腰对折的裤子，男女不同的是男性渔民出海一般是穿及膝的阔腿短裤，渔女裤子是七分阔腿裤，据当地老人说惠安渔民银腰链是清代末年从南部渔场厦门港传过来的，惠安渔民在厦门港渔业时受当地渔民系扎银腰链的影响，攒了银两也打制了一条系在腰间。银腰链早期被渔民青睐不仅仅是象征财富，同时也是利于海洋生态作业，早期大折裤是用布条系扎，海水浸泡后很难晾干，银腰链具备不怕潮湿的特征，也是海洋服饰文化的组成部分。

　　新加坡、马来西亚都有福建惠安公会民间社团，星洲是新加坡的旧称。1979年出版的《星洲公会五十周年纪念特刊》中，新加坡学者对惠安女服饰的研究，其中描述了1931年前后惠安女依然处于"黑色围巾拦腰系紧，巾带却用彩色线类纺织"，没有开始系银腰链。[1]新加坡、马六甲和槟城被英国殖民期间，统称为海峡殖民地，当时流

---

[1] 张国琳：《中国传奇惠安女上册》，海峡文艺出版社，2015，第246页。

通的印有英国女王肖像的海峡银币，成为当时流行的装饰品，在吉隆坡国立纺织博物馆考察拍摄的马来女子外币腰链和惠安渔女同样外币发簪属于同一时期。

二、惠安银腰链与海外华人银腰链装饰特征

惠安女佩戴银腰链是在20世纪40年左右。随着历史的进程，男人们逐渐改穿中山装和西裤，闲置的银腰链便成了妻子们青睐的饰物，由最先的单股腰链逐渐演变成现在的十股，同时转化为婚俗以及财富的象征。银腰链服饰习俗是在惠安女传承男性饰品基础上集体创新下形成的。在新加坡国家博物馆、马来西亚国家博物馆、马六甲土生华人博物馆考察调研中，发现都有华人男性腰链的收藏品，单股金、银腰链，新加坡国家博物馆收藏的为1900年、1901年华人银腰链（图6-2-2），解释一般是华人车夫佩戴的腰链，腰链头挂钩是一枚"站洋"镀金银币装饰（图6-2-3）。"站洋"是1895年英国政府利用印度的孟买、加尔各答的造币厂铸造的新贸易银圆，流通于当时东南亚的英殖民地、港、澳、台、大陆地区，由于是站着的武士形象，也有称"站人"，集英文、中文、马来文等三国文字于一体，银币正面铸有站着的不列颠女神而得名，左手持米字盾牌，右手执三叉戟，意为能攻能守、战无不胜，珠圈下左右两侧分列英文"ONE-DOLLAR"（壹圆），这里"DOLLAR"不是美元的意思，当时仍然采用金本位制度，货币的面值与其实际含金量/含银量挂钩，注意，当时Dollar并不特指美元，亚洲各国的元都是用英文Dollar表示的，下方记载年号，背面中央有中文篆体"寿"字，上下为中文行体"壹圆"，左右为马来文"壹圆"（图6-2-4）。"站洋"珠圈外亦铸有回纹，

图6-2-2　1900年华人银腰链
（新加坡国家博物馆收藏）

图6-2-3　"站洋"腰链扣

图6-2-4　"站洋"正背面

从钱币上可清晰地看到中西文化的交融，带着鲜明的历史印记，独具历史意义。

在1895—1935年发行了23种"站洋"，1895、1896年两个年号比较少；自1897年起逐年增加铸造量，1898、1899、1900、1901、1902、1903年号均为常见。新加坡国家博物馆收藏的就是1900、1901年号的"站洋"腰带扣腰链，"站洋"钱币钱纹清晰，整体制作精美，内容丰富，收藏价值极佳。"站洋"银圆进入我国后，开始在广东、广西一带流通，因其制作精美，含银量高，成为服饰装饰的一部分。通过"站洋"作为腰链的装饰部件，反映了英国及其殖民地国家，一个特殊时期的政治、经济、文化的发展及其影响。在惠安县净峰镇田野考察中，银腰链制作传承人王志强师傅收藏的清代末年男性银腰链和新加坡博物馆收藏的银腰链造型基本一致，包括腰链头的圆形钱币装饰风格都一致，腰带也一直是马来族男女纱笼装必备的腰饰（图6-2-5）。清末海内外华人腰链都是从一股开始，逐渐发展为多股腰链，清末民国时期各种外国钱币成为马来人和华人腰链的共同喜爱，从单股链到各种外币的装饰变化，从外币到各种吉祥纹样的元素组成（图6-2-6）。峇峇娘惹博物馆看到土生华人银腰链与马来人的银腰链最人的区别在于是否装饰镌刻着中国传统的龙凤纹样、麒麟纹、牡丹花卉纹样（图6-2-7）。

图6-2-5　男女腰带（马来西亚国家博物馆拍摄）

图6-2-6　华人腰链（新加坡拍摄） 　　图6-2-7　华人腰带（马六甲拍摄）

银腰链作为海洋服饰习俗的特征，从功能到装饰在不同地域、不同文化背景下有着共同的海洋民俗文化的认同，闽南文化在东南亚各国有着根深蒂固的历史渊源，华人文化也是马来西亚、新加坡等东南亚国家文化遗产中的重要组成部分，海上丝绸之路不仅仅是经济的交流，同时也是跨民族、跨地域的文化交流之路，文化是沟通和交

第三部分 闽南"非遗"渔女服饰海丝文化融合

流的纽带，尊重不同民俗文化存在的价值的同时增强相互理解和信任。

三、"南海1号"出水金腰链比较

"南海1号"是一艘通过海上丝绸之路失事的南宋古船，从泉州港驶出在广东阳江外海失事沉没，1987年被发现，现在整体打捞藏于广东海上丝绸之路博物馆，"南海1号"出水逾18万件的宋代文物，是海上丝绸之路贸易的重要实物资料和珍贵水下文化遗产，其中金器最为亮眼，有腰链、项链、戒指、手镯等黄金首饰，经历了800多年后，依然熠熠生辉。宋元时期，泉州是最大的对外贸易港口之一，很多货物都先在此地集中，再装船运往世界各地。通过在广东海上丝绸之路博物馆对"南海1号"的实物考察，最为瞩目的鎏金腰链一直被世人关注，目前还无法鉴定银腰链的主人，或者是什么人的佩戴物，但是从银腰链的形状、长度及工艺来看，与泉州惠安渔民的银腰链高度相似。

图6-2-8 "南海1号"出水的金腰链

"南海1号"出水的金腰链长172厘米，重566克，一端是长条形带钩，带钩上镌刻了璎珞纹样，金腰链的另一端有四个小环，可以调节松紧（图6-2-8），从造型和长度与清代泉州惠安小岞渔民银腰链相似，惠安小岞渔民银腰链也是单股180厘米（图6-2-9）；工艺技法方面也是极其相似，"南海1号"出水的金腰链是双层四股金线编织锻造，泉州惠安渔民银腰链工艺较简单，是单层两股银线编织锻造，都有调节长度的圆环，只是设计的位置有所不同，惠安的银腰链调节圆环插在银腰链之间，巧妙与银腰链融为一体，而"南海1号"的金腰链的调节环单独设计在腰链的端头，带钩上设计的是葡萄璎珞纹样装饰，璎珞纹样是源于古印度佛像颈间的一种装饰，随佛教传入中国，整个腰链黄金打造，彰显富贵和异域风格。

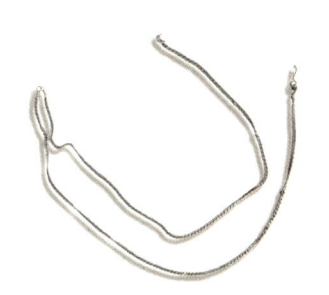

图6-2-9 清代惠安小岞渔民银腰链

"南海1号"出水的另一件黄金饰品为多层链犀角形牌饰项链（图6-2-10），这件饰品与泉州惠安女银

图6-2-10 多层链犀角形牌饰项链

· 109 ·

领饰造型同样高度相似（图6-2-11），多层链犀角形牌饰项链馆藏于广东海上丝绸之路博物馆，由两块左右对称的牛角形牌饰连接2条或3条金链。一端是链钩，另一端是5个圆环，中间3个圆环各挂3条流苏坠饰，中间是1个桃心牌饰，三层金链的流苏坠饰是同一种桃心牌饰，牛角形牌饰和桃心牌饰都是以镶嵌镂空卷草纹为装饰，体现了工匠高超的手工技术，两层金链流苏坠分别是石榴形和桃心牌饰，石榴纹是典型的中国吉祥纹样。

泉州惠安小岞渔女的项链造型从外观来看基本与多层链牛角形牌饰项链一致，只是在局部和细节上有所不同，小岞渔女的领链悬垂的股数较多，3~7股，同样是流苏桃心牌饰，项链两端是三角形的卷草纹装饰，形状和结构相似，在田野考察的过程中，小岞渔女银项链和清代男性银腰链是处于同一个时期，当时男性佩戴银腰链，女性佩戴银项链。在20世纪40年代，女性佩戴银腰链时，单股银腰链与多股项链组合搭配，形成一股多垂腰链（图6-2-12）。由于中华传统服饰一直延续立领右衽，颈部装饰主要是挂件式项链，装饰在上衣最外层，由于常年佩戴头巾，项链只能露出胸前部分，在实用的前提下，藏于领后的部分项链被省略，后领圈部分的流苏桃心牌翻转到领链的前端作为装饰，演变成了现在独具特色的项链形式。

宋元时期的泉州万商云集，来自世界各地的宗教、文化、艺术等在此交流融合，相互借鉴，当时海外通商区域扩大到东南亚、东阿拉伯海、西阿拉伯海和地中海四大贸易区。泉州惠安小岞镇目前考证的实物是清代的男性饰品银腰链，在与新加坡华工腰链的比较中，发现属于同种腰链，可以推断泉州惠安的银腰链在海丝文化交流中，受到东南亚腰链服饰习俗的影响，而清代惠安的银腰链的金属工艺与"南海1号"金腰链基本一致，在考察中，惠安银腰链第四代传承人王志强先生说，此工艺现在已经失传，也没有人会做了。"南海1号"装满货物从泉州港出发，沉船上的单股

图6-2-11　小岞银领饰

图6-2-12　小岞一股多垂腰链

金腰链,是否在泉州打造,还是外商的饰品,已不得而知。腰带与纱笼装的搭配一直是东南亚代表性的服饰品,也是东南亚服饰的符号,金腰链是否为东南亚的饰品,目前还无法鉴定,但是能确定的是这些服饰品都源于泉州的海上丝绸之路贸易,惠安民间服饰通过海上丝绸之路贸易往来,在海丝文化互鉴下形成的海洋民俗服饰的特征。海洋文化是世界性的文化现象,海洋民俗文化亦具有世界性,我们拥有辉煌灿烂海洋民俗文化的同时,也拥有悠久的海洋民俗文化交流史。

第三节 小岞半岛渔女外币发簪的跨文化融合

一、小岞半岛渔女外币发簪概述

小岞半岛渔女发饰以多为美,清代至民国时期以金属材料装饰为主,从大头髻铜制骨架到铜质镀金、镀银的摇鼓、花垂、碎插、面镜还有各种特色外国硬币,惠安女钱币发簪有英国女王头像的银币、有荷属东印度公司荷兰币、印属印度卢比、乔治五世海峡银币等(图6-3-1),通过这些外币发簪装饰,反映清末至民国海丝文化交流,通过马来西亚、新加坡、印度尼西亚的考察调研,外币同样在这个特定的历史时期成为特定的装饰材料。

图6-3-1 小岞渔女英国女王币发簪

外国银圆在我国俗称"洋钱"或"番银",闽南渔女外币发簪上的外币来源于海上丝绸之路贸易、货币国内流通,明清时期闽南沿海的月港、厦门港等通过输出瓷器、茶叶、丝绸等产品,换回了大量的"番银";其他来源于惠安大量渔民出海下南洋带回来的外国银圆,惠安县华侨华人达85万多人,归侨侨眷属37.08多万人,旅居港澳同胞近8.2万人。清代中后期(18世纪70—80年代),机器铸造的外国银圆重量、成色能够标准化,式样精美,适应了当时东南沿海地区商品经济发展的需要,逐渐"计枚核值",凭个数流通,成为异于银两的另一种白银货币。❶ "沿海各市面,凡贸易至百十文以上,从无用现钱者,皆以一角二角之钱代之。"❷

---

❶ 人民银行:《中国近代货币史资料:第1辑》,中华书局,1964。
❷ 同❶。

1826—1946年，马来西亚马六甲、槟城、新加坡三地被英国殖民称为"海峡殖民地"，属于英属东印度公司管理，当时银币印有乔治五世的头像，新加坡国家博物馆里华人单股金腰链扣就是壹圆"站洋"银币，可见外币成为当时的装饰物，惠安渔女的外币发簪也是盛行于清末和民国初，硬币装饰一直延续到中华人民共和国成立后，外币换成了国内的1角、5角的银币。

二、小岞半岛渔女发簪外币装饰种类

钱币发簪装饰崇武半岛目前没有资料查询，而是小岞半岛清代至民国初期渔女发饰为重要特征。通过保存的一根发簪上就有5种不同年代（图6-3-2、图6-3-3），发簪由不同种类外币组成，包括1862、1886年的印度发行的维多利亚女王币，1912年印度发行的英王乔治五世12卢比银币，1863—1901年发行香港五仙银币维多利亚女王币，荷属东印度1/10盾荷兰币，英属海峡殖民地乔治五世5分币。

（一）荷属东印度1/10盾硬币装饰

小岞半岛渔女发簪（图6-3-2），左边第1枚是1920年发行的荷属东印度1/10盾（图6-3-4），荷属东印度是指1800—1949年荷兰人所统治的印度尼西亚，首都巴达维亚。印尼群岛被称为东印度，与加勒比海的荷属领地相区分。历史上印度尼西亚在1610—1817年曾使用荷兰盾作为货币。1816—1942年荷兰统治东印度群岛时期的硬币，包括在荷兰本土发行的各种硬币、地方硬币，1855年后币制改为十进位制。币面国名用爪哇文、阿拉伯文及荷兰文荷属"NEDERL INDIE印度尼西亚"背面是印度文。荷属东印度1/10盾年份有：1912、1913、1914、1918、1919、1920、1928年等。在明清之际中国官方的文献记载中，中国当时与荷兰的关系实际上大部分都是与荷（印）的交涉和交往关系。

图6-3-2 小岞多种外币发簪正面

图6-3-3 小岞多种外币发簪背面

图6-3-4 荷属东印度1/10盾

（二）1862年英属印度2安娜硬币装饰

小岞半岛渔女发簪（图6-3-2、图6-3-3），左边第2枚是1862年英属印度殖民地印度发行2安娜币的硬币，安娜是其货币名，类似于我们的分，正面是维多利亚女王加冠的胸像，胸像前后的铭文为维多利亚女王英文"VICTORIA QUEEN"（图6-3-5），背面为缠枝花叶环绕的"TWO ANNAS"面值；如图6-3-6所示发簪上1862年2安娜币，1862年的硬币是撤销东印度公司，开始以英国的名义在印度发行流通硬币，目前收藏较多的是1卢比银币上的女王带冠胸像，背面为缠枝花叶环绕的面值（图6-3-7），属地名和发行年份，去掉了波斯体的阿拉伯文字。

图6-3-5　1862年英女王硬币 　　图6-3-6　发簪上1862年2安娜硬币 　　图6-3-7　1862年1卢比

1840年东印度公司开始发行带有英女王维多利亚头像的流通硬币，1卢比银币有两种版，最初发行的女王头像发髻梳有一个发辫（俗称单辫），维多利亚女王的铭文在头像上方环绕，背面图案和威廉四世时期的一样，后期发行的女王头像发髻梳有两个发辫（俗称双辫），铭文分列在头像两侧，直径较小，图案的设计都要比早期的精细，数量也多，这两种银币重量均为11.66克，成色为91.7%。

（三）1912年英属印度英王乔治五世2安娜银币装饰

小岞半岛渔女发簪（图6-3-2、图6-3-3），左边第3枚是1912年英属印度英王乔治五世2安娜银币（图6-3-8、图6-3-9）。硬币的正面图案为英王乔治五世的带冠侧面胸像，环绕的铭文"GEORGE V KING EMPEROR（乔治五世国王和皇帝）"相比1903年英属印度发行带有英王爱德华七世头像的1卢比银币，省略了连接词"&"，背面中心圆形部位为面值"TWO ANNAS（2安娜）"、属地名"INDIA（印度）"和发行年份"1912"，年份下面是波斯体的阿拉伯文，外环的花环增加了英联邦的内容，有代表英格兰的玫瑰，代表苏格兰的蓟草，代表北爱尔兰的白花酢浆草和代表印度的荷花。目前市场上收藏的基本都是1卢比的硬币，和2安娜硬币只是面值不一样，其他图案都是一样的（图6-3-10）。

图6-3-8　1912年英属印度英王乔治五世币 　　图6-3-9　发簪上1912年2安娜硬币 　　图6-3-10　1912年1卢比硬币

（四）1863—1901年香港五仙银币装饰

小岞半岛渔女发簪如图6-3-2、图6-3-3所示，左边第4~6枚是香港五仙银币，也是渔女发簪常用的币饰。如图6-3-11所示为香港五仙银币；图6-3-12所示为渔女发簪上香港五仙银币，香港五仙正面基本相同，不同的是随着年份不同，背面所铸的英国国王头像也发生变化。从1863年香港铸造的钱币上开始印制当时英国国王的头像，香港经历了英国四代王朝更迭，共有4位国王被印在了钱币上，分别是：维多利亚女王（发行年份：1863—1901），爱德华七世（发行年份：1902—1905）、乔治五世（发行年份：1931—1934）、乔治六世（发行年份：1941），"二战"后五仙钱币由五仙纸币取代（1995年停止流通）。1866—1933年的五仙硬币均以白银铸造，1903年的五仙硬币重1.37克，约相当于3分6厘，因而被称作"三六"。香港五仙币代表了中国近代的货币文化，反映了我国近代历史、经济、金融的兴衰和沧桑，也反映了外币在闽南地区流动的多样性。

图6-3-11　香港五仙银币 　　图6-3-12　渔女发簪上香港五仙银币

（五）英殖民时期海峡5分币

在小岞半岛渔女发簪如图6-3-2、图6-3-3所示中，左边第7~9枚是英殖民时期海峡5分币。如图6-3-13所示为1898年的维多利亚女王币，如图6-3-14所示为发簪上的海峡币，其中第7~8枚是维多利亚女王5分币，第9枚是乔治五世5分币。海峡币是指流

第三部分　闽南"非遗"渔女服饰海丝文化融合

通在英属海峡殖民地的银币，1826年，英国殖民主义者将马来半岛西海岸的槟榔屿、马六甲和新加坡三地组成"英属海峡殖民地"（straits settlements），是英国在1826—1946年对位于马来半岛的三个重要港口和马来群岛各殖民地的管理建制，

图6-3-13　1898年的维多利亚女王币

图6-3-14　发簪上的海峡币

华侨称"三府州"，归英属印度政府统治。1826年开始，马来半岛各州通用英属东印度公司发行的钱币，后来大量通用标有海峡殖民地英文的钱币，称为"海峡币"。

英国硬币正面通常采用国王的头像，币面一直没有印铸国名，而是铸以各朝君主的称号。王位更迭时，币面的君主头像朝向则轮流变换，5分币分为维多利亚女王币（图6-3-13）和爱德华七世币（图6-3-15）、乔治五世币（图6-3-16），维多利亚女王在位期间（1837—1901），维多利亚在1876年被加冕为印度女皇，这个时期都是女王头像银币。爱德华七世在位期间（1901—1910），英属海峡殖民地开始铸造一元银圆，1903年爱德华七世头像海峡殖民地银圆，有大样和小样两种相同面值。大样铸造于1903、1904年，小样铸造于1907—1909年。大样和小样同为壹圆面值，但大小重量不同，小样银圆

图6-3-15　爱德华七世币

图6-3-16　乔治五世币

因为个小量轻，不受中国市场欢迎，所以国内少见，银币上有铭文"EDWARD VII KING AND EMPEROR（爱德华七世国王和皇帝）"。乔治五世1910—1936年在位，银币上有铭文"GEORGE V KING AND EMPEROR OF INDIA"，印度标在头像面，面值中间是数字，周边环绕英文"SIRAITS SETTLEMENTS（海峡殖民地）"和发行年。

小岞半岛渔女海峡5分银币被大量应用在发簪上，从维多尼亚女王币到乔治五世小面值银币成了渔女们新的装饰材料（图6-3-17），

图6-3-17　净峰渔女海峡币发簪

· 115 ·

同一时期，外币在马来半岛也是女性的装饰材料，作为腰链、纽扣、别针的材料（图6-3-18、图6-3-19）。

16世纪以后，随着漳州月港成为国际贸易港口，大量的海外货币源源不断地流入闽南地区，王坛在《闽游纪略》中也说："番钱者，则银也，来自海舶，上有文如城堞，或有若鸟兽人物者，泉漳通用之。"英属印度硬币从1862年发行至1945年止，币值设置与英属东印度公司相同，币面图案一样采用在位英国国王头像，背面是圈花内的英文币值、地名"INDIA（印度）"及纪年。币面上的英王有维多利亚女王、爱德华七世、乔治五世、乔治六世头像等。

图6-3-18 英女王币制作的别针

英属印度卢比通过英国在马来半岛的殖民地以及英占香港等地转口流入闽南。早在香港被英国占领初期，由于闽南与香港及东南亚关

图6-3-19 马来西亚女子外币腰链

系密切，这些英属印度卢比在闽南民间也发现不少，其中许多小币值卢比在闽南还常常被改制成银链、头钗、纽扣等日用品，遗存于闽南地区的这些海丝货币，记录了闽南与海外进行贸易往来以及人员交流的历史，对研究古代海丝文化及明清时期闽南地区的经济、金融、文化、民俗等有重要的参考价值。

第四节 闽南渔女"番巾"的跨文化融合

一、闽南渔女包头巾（番巾）的跨文化融合

闽南渔女包头巾习俗按地域不同形式也各异，包头巾是渔女头饰重要的特征，只有崇武、山霞老年妇女包黑巾（图6-4-1），小岞半岛渔女戴的头巾和大岞不一样，是将黑巾缝好固定戴在头上，中青年妇女包花头巾，蟳埔老人包红色头巾，也有人称为"番巾"。闽南话里的"番"指海外或外族一些人或物，"移居海外"在闽南话里被称作"过番"，居于泉州的外国商人称为"番客"[主要指阿拉伯（大食）、波斯商贾]，

那些"番客"的妻子（闽南本地的）就叫"番客婶"，华侨在侨居地娶的当地妇女为妻的称为"番婆"。海外引进物质有称"番薯"（地瓜）、"番黍"（高粱）、"番松柏"（相思树）、"番巾"（头巾）、"番仔油"（煤油）、"番仔字"（外文），阿拉伯、波斯侨民在华聚居区称为"番坊""蕃巷"，泉州的"番巷"设置在泉州城南。

二、崇武半岛渔女包巾的步骤

图6-4-1 大岞村老人头巾

惠安老年妇女的黑巾包头，60岁以上老人才会包乌巾，百年后也要戴上入殓，年轻人已经无此习俗。包头巾的步骤如下，准备黑色绉纱巾长度约250厘米，宽度25厘米，材质为棉绉纱，黑巾二分之一处填充棉布，长度约20厘米，大岞是叠几层棉布，后再缠上乌巾，山霞是把棉布填充固定好，目的是让黑巾围绕额头处有一个立体的效果。具体步骤如图6-4-2所示。

（a）黑巾从额头向脑后交叉 　（b）巾尾绕到胸前 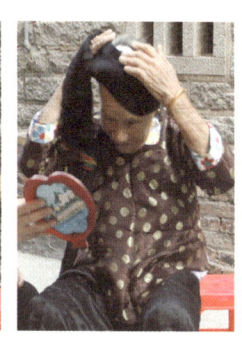　（c）左边黑巾向右从额头绕向脑后 　（d）右边的黑巾向左绕到脑后

（e）黑巾两端在脑后交叉系紧 　（f）额头左右别上彩色珠花固定黑纱 　（g）别上假发髻 　（h）系好的黑巾

图6-4-2 山霞老年妇女包巾步骤

· 117 ·

三、闽南蟳埔村渔女"番巾"海丝印记

蟳埔渔女包头巾只是老年妇女的习俗，她们喜欢红色头巾，类似阿拉伯的"番巾"（图6-4-3），与惠女渔女包黑巾有所不同的是，包扎方式更为简单，一般60岁以上妇人才佩戴，一条红色或者花色的方形头巾多层折叠，从额头开始，在脑后系扎。蟳埔村人相传为泉州古时阿拉伯与当地人通婚的后裔，宋元时期，蟳埔村旁边的"云麓村"曾是阿拉伯人故居，栽种着从阿拉伯引进的奇花异草。

图6-4-3 蟳埔老年渔女的"番巾"

因此，蟳埔女的戴花习俗源远流长，蟳埔老年渔女的头巾包头，受到阿拉伯人包头巾的影响，由于海风吹袭，包头巾也是头部保暖的需要，蟳埔村是古海丝的见证，也让我们看到了明显的伊斯兰遗风。

6—9世纪，波斯船舶横行于从波斯湾至中国南海之间的海面上，中国的船只8世纪前后也直航至波斯湾什罗夫、巴士拉一带，促进了唐代海上丝绸之路极大的发展。宋元时期（960—1368），中西海上贸易空前繁荣，伊斯兰的科学、文化与艺术也广泛传入中国，东南沿海一带多为波斯商贾，在沿海地区商业发展及海上贸易中起到至关重要的作用。伊斯兰教自初唐由海路传入泉州，泉州清净寺是中国现存最古老的伊斯兰教寺，在伊斯兰世界也是数得上的古寺之一，隐卧于泉州市东郊灵山的古老圣墓，以及尚存的数百块雕有阿拉伯文、波斯文、中文以及伊斯兰图案的碑铭，是泉州海外交通的重要史迹。

第五节 闽南珠绣工艺的跨文化融合

一、闽南珠绣工艺的海丝渊源

闽南珠绣工艺一直流传在厦门、漳州和泉州，主要用于珠绣拖鞋。闽南珠绣拖鞋工艺最早源于对南洋珠绣拖鞋的加工，是海丝之路贸易往来的见证。福建省珠绣传承人谢丽瑜女士介绍，珠绣在厦门已有上百年的历史了，南洋回来的华侨带回了捷克产的玻璃珠，想在漳州试产珠绣拖鞋，传到厦门后，立即受到厦门女性的喜爱，再加上

交通便利，海外市场广阔，珠绣很快在厦门成为女性家庭产业❶。厦门珠绣工艺一直传承至今，正因为厦门珠绣有着独特的海丝渊源，"厦门珠绣"于2021年被列入第五批国家级非遗名录。

闽南珠绣拖鞋（图6-5-1），清代末年至民国初年，珠绣拖鞋被东南亚经商的华侨带回漳州，由于漳州人大都迁往吕宋岛，所以带回来的珠绣拖鞋被称为"吕宋拖"。东南亚的珠绣拖鞋也是源于东南亚华裔峇峇娘惹族群的"娘惹服饰"，娘惹服装、珠绣工艺和娘惹美食是娘惹文化的三大特征，其中娘惹珠绣工艺最具代表性的就是珠绣拖鞋，当地称为"珠鞋"，马来语称为"Kasut Manek"。珠绣拖鞋兴起于19世纪末—20世纪初，在最初传统金银线绣基础上增加细小玻璃珠串珠绣作为装饰。从材料和工艺上来看，娘惹鞋有了重大创新和突破，细小玻璃珠多面折光的视觉效果，成为娘惹流行的手工艺服饰品材料，珠绣手工包、珠绣腰带、珠绣桌布，盛极一时。20世纪初，由于珠绣拖鞋的需求过大，海外华商在闽南开发珠绣拖鞋加工业务，带动了厦门珠绣加工贸易的兴起，当时厦门珠绣个体工坊集中在大同路，成了"珠绣一条街"。珠绣用的玻璃珠子是从海外进口，主要是捷克产的切割玻璃珠（Manek Potong）。捷克产的切割玻璃珠品种多样，有大有小，形状有圆、椭圆、长方形还有切面等，中间细孔可以穿线，所以也称为串珠绣。玻璃珠色彩丰富，有红、黄、蓝、白、黑、紫等多种。玻璃珠折射的璀璨华丽的质感，受到娘惹们的青睐，串珠满绣的珠鞋马来语称为"Kasut Manek"（图6-5-2）。"珠鞋"是峇峇娘惹结婚必备的鞋子，一双珠

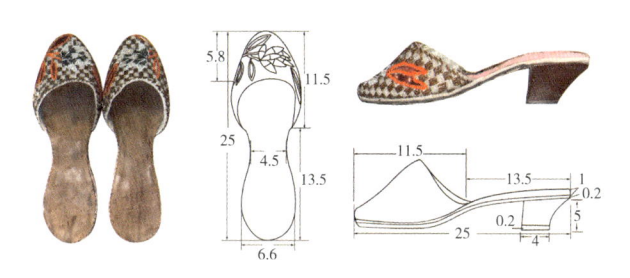

图 6-5-1 闽南珠绣拖鞋

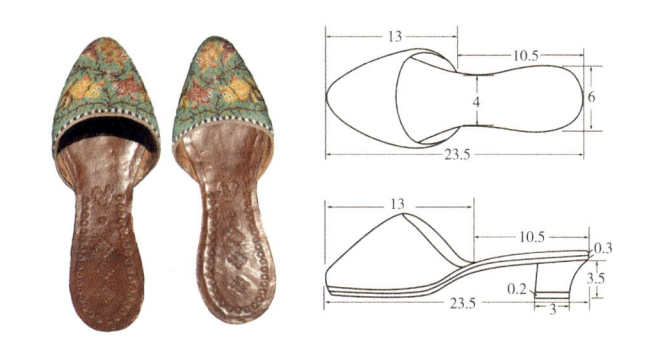

图 6-5-2 马来西亚娘惹珠绣拖鞋

---

❶ 刘芝凤：《闽台传统手工技艺文化遗产资源调查》，厦门大学出版社，2014，第267页。

· 119 ·

绣拖鞋串绣上万颗玻璃珠。同时，珠绣工艺延伸到家用纺织品及其他服饰配件中，如珠绣桌布、床上用品、腰包等。

　　闽南珠绣拖鞋工艺先在漳州试制，后传到厦门，而后逐渐发展到同安、晋江、泉州、漳州等地。1920年，厦门活源皮行成批进口丝绒、玻璃珠等原料，雇佣民间工匠制作珠绣拖鞋，产品打入东南亚市场。❶20世纪70年代厦门珠绣从产品外贸加工向品牌自创转换，成立厦门珠绣拖鞋厂，创建了"水晶"牌珠绣拖鞋（图6-5-3）。"水晶"牌珠绣拖鞋在当时作为厦门的名牌出口产品之一，花色品种近千种，厦门珠绣是在各色丝绒、平绒、罗缎面上用色彩绚丽的玻璃珠绣制而成，厦门珠绣拖鞋厂目前生产的珠绣拖鞋，主要有平跟、斜跟、高跟、半高跟、弯型跟、尖头、圆头等（图6-5-4）。❷

图6-5-3　水晶牌拖鞋海报

　　厦门珠绣拖鞋源于东南亚娘惹珠绣拖鞋的加工需求在马来西亚马六甲、槟城，新加坡，印度尼西亚，娘惹珠绣工艺是检验新娘贤惠的标准，她们结婚前要送给新郎亲手绣的珠绣拖鞋、珠绣腰带和腰包，通过未来婆婆的检验，腰带是马来服装特有的配件，但刺绣的图案是凤凰牡丹、八仙法器、十二生肖等具有中华特色的纹样，是东南亚一时的时尚，同时也成为闽南渔女们追捧的时尚，称为"阿珠鞋"。

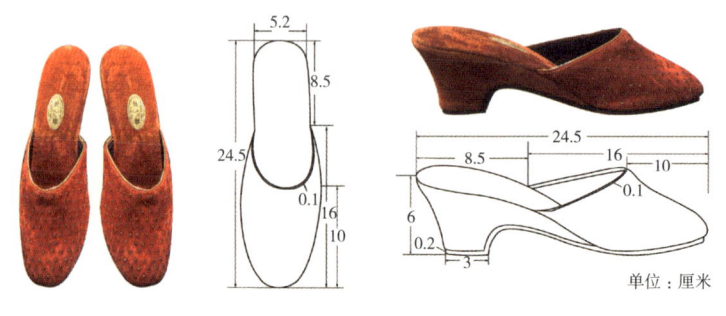

图6-5-4　厦门水晶牌拖鞋

---

❶ 朱家骏、宋光宇：《闽南音乐与工艺美术》，福建人民出版社，2008，第406-408页。
❷ 凡奇、共工：《当代中国工艺美术品大观（下篇）》，北京工艺美术出版社，1994，第156-157页。

第三部分　闽南"非遗"渔女服饰海丝文化融合

二、闽南传统鞋纹跨文化融合

黑格尔认为:"每种艺术作品都属于它的时代和它的民族,各有特殊环境,依存于特殊的历史和其他的观念和目的"。[1]交流与互鉴是推动人类文明进步和世界和平发展的重要动力,20世纪初,在英国殖民统治下的马来西亚海峡殖民地时期,华人、马来人、印度人、英国人,还有其他各国贸易的商人,多元文化在这里交汇,各类族群服饰习俗相互影响,娘惹族群既传承华人的礼教,同时也受到其他族群的影响。娘惹服饰在不断演变,珠鞋款式也相应演变。珠鞋是由刺绣拖鞋在材料上创新而来,从最早包头的珠鞋演变成露趾型、带状交叉V型等,鞋跟由平底演变成高跟、坡跟等。

珠绣工艺通过切割的玻璃珠可以灵活构成任意造型的图案,为娘惹提供了珠鞋纹样最大的美学表达空间。英殖民期间,峇峇娘惹接受英国文化的教育,在珠绣图案的装饰风格上,既受到伊斯兰几何纹样影响,又受到欧洲装饰风格的影响。欧式花卉、欧洲流行文化中的人物,英文字母等,与中华传统花卉、动植物等吉祥纹样共同组成独具特色的娘惹珠绣纹样。在西方文化、中华文化、马来文化还有印度文化的相互借鉴融合下,娘惹珠绣图案、色彩都体现了海丝文化多元美学的装饰特征,无论是"跨文明"的"交互"还是"融文明"的"交和",丝路主体在跨文明传播中彼此"互鉴"对方的优势文明。[2]

(一)花卉纹样的跨文化融合

珠绣拖鞋的花卉纹样种类繁多,不同族群喜爱的花卉都成了娘惹珠绣拖鞋的创作题材,包括象征圣洁的莲花、鸡蛋花,象征爱情的玫瑰花,中国传统牡丹花、梅花等。受英殖民文化影响,玫瑰花是英殖民统治时期珠鞋最为常见的珠绣纹样(图6-5-5)。玫瑰花是爱、美、和平等美好愿望的永恒象征,也是英国的国花。红玫瑰、蓝玫瑰、紫玫瑰等不同颜色代表不同的含义,盛开的玫瑰花与牡丹花有几分相似,花朵饱满瑰丽,纹样表现形式也多种多样,有单独花卉纹样独枝花,组合成对称或连续纹样。珠绣拖鞋

图6-5-5　新加坡各类花卉珠绣拖鞋

---

[1] 黑格尔:《美学(第一卷)》,朱光潜译,商务印书馆,1995,第19页。
[2] 潘天波:《丝路文明史研究范式:困境与援引》,《高等学校文科学术文摘》2020年第6期。

的花卉图案，大量运用中华传统吉祥纹样，如喜鹊登梅，梅花是春天的使者，喜鹊是好运与福气的象征，寓意吉祥、喜庆、好运的到来。凤穿牡丹纹样一般运用在结婚用的珠绣拖鞋上。中国传统纹样深受传统美学与哲学的影响，传统美学不同于20世纪西方美学，20世纪西方美学将"美"融于现实，而传统美学追求一种意境的美。[1]

新加坡是个多元种族社会，独特的地理位置汇聚了来自世界各地不同种族的移民国家，主要族群有华人、马来人、印度人和欧洲人。华人祖籍主要来自福建、广东、海南，其中福建籍占一半以上。新加坡提倡各族之间的文化兼容并蓄，宗教与族群之间的互相包容，佛教是新加坡第一大宗教珠绣纹样中的莲花、玉兰花、鸡蛋花、曼陀罗花便是佛教的吉花，一花一世界，寄寓着海外华人对多元文化接纳以及对生活的美好愿望。珠绣图案的表现形式多样，例如，莲花珠绣纹样与传统寿字纹组合，和谐与均衡，典型的东方美学特征，"寿"字纹样寓意健康长寿，赋予生命意义的审美价值。几何纹样作为带状花边装饰，或者作为底纹与其他花卉题材组合，色彩以互补色为主色调（图6-5-6）。珠绣拖鞋的花卉纹样，既有写实的自然写真花卉，折射出西方美学的"现实再现"美学特征，中华传统美学注重的是含蓄、寓意、借代的表现手法，突出莲花出淤泥而不染的高风亮节，莲花在佛教中也是圣洁的象征，可见珠绣拖鞋的纹样融入了多元的美学特征。

（二）祥禽瑞兽纹样

珠绣纹样中动物纹样也是比比皆是，常见的有家禽纹、狗纹、喜鹊纹、鹦鹉纹、孔雀纹、狮子纹、松鼠纹等。每种动物纹样都被赋予了不同的寓意，表现形式上采用写实的表现手法，充分展示动物自身造型的美感。有图必有意，有意必吉祥，喜鹊登梅、孔雀登高枝、凤穿牡丹、雄狮等具有传统吉祥寓意的祥禽纹和瑞兽纹，还有雄鸡对鸣、鸳鸯戏水，欢快的小狗，畅游的鹅等生活场景都成为珠绣拖鞋常用的纹样，造型逼真，色彩鲜艳，充满活力。

祥禽瑞兽纹样大量应用于男式珠绣拖鞋。新加坡珠绣男鞋常用的图案是雄狮和孔雀，新加坡也被称为狮子城，新加坡这个名称来源于

图6-5-6　新加坡娘惹莲花纹珠绣鞋

---

[1] 张晏滋：《中国传统美学在传统纹样中的意境》，《大众文艺》2010年第22期。

"singa pura",是印尼语"狮城"之谐音,其中"singa"指的是狮子,"pura"指的是城市。新加坡并不产狮子,传说是14世纪,苏门答腊的"室利佛逝王国"王子乘船前往小岛环游,发现一头被当地人称为狮子的异兽,认为是一个吉兆,于是决定建设这个地方,取名"Singapura"。狮子是从西域随着佛教传入中国的,文殊菩萨的坐骑就是狮子,因此狮子在人们心目中成了高贵威严的灵兽,鱼尾狮就是新加坡的标志物。狮子具有勇猛、雄健的特征,成了男性珠绣拖鞋纹样的专属(图6-5-7)。而孔雀纹样男女鞋通用,孔雀因为美丽被称为"百鸟之王",孔雀也是印度的国鸟,孔雀对于佛教徒和印度教徒来说都是神圣的,明、清两朝文官的官服上,孔雀图案成了官阶品级的象征。珠绣拖鞋的纹样涵盖了不同地域的良禽灵兽,赋予了其不同的吉祥寓意。

(三)伊斯兰几何纹融合

抽象的几何纹样是伊斯兰装饰艺术的重要元素,也是伊斯兰艺术中最广受认可的视觉元素。娘惹珠绣纹样同样受到当地马来族群的伊斯兰文化影响,新加坡珠绣拖鞋几何纹呈现的艺术形式,既有独立的几何纹样,也有几何纹样作为底纹,直线、斜线等规律组合,既有相互叠加又有平行组合,既赋予秩序又具备节奏美感。

图6-5-7 狮纹、孔雀纹样男性珠绣鞋

娘惹珠绣鞋面装饰纹样大量运用几何纹样,有独立的几何纹样,也有与不同题材纹样组合,如花卉纹样与几何纹样结合,动物纹样与几何纹样结合,几何纹样与其他植物纹样组合,几何纹样与人物纹样组合,几何纹样作为底纹或边饰纹样被大量装饰在珠绣拖鞋上。如图6-5-8所示,马赛克方块底纹与几何形花瓣主纹融合,上下层次对比与呼应,曲线无限循环构成花朵。自然界花朵被高度概括转化成几何装饰纹样,重复中蕴含变化,几何纹样被称为艺术与科学的美学表现。如图6-5-9所示几何纹样与其他纹样平

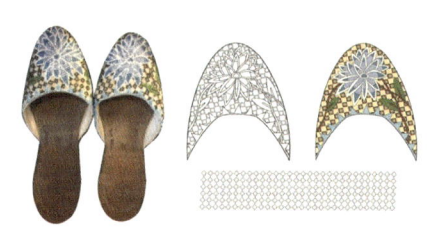

图6-5-8 海洋生物与几何纹样拖鞋(一)

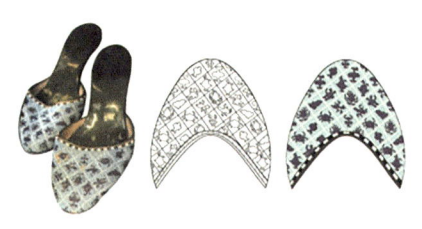

图6-5-9 海洋生物与几何纹样拖鞋(二)

行组合，海洋题材的各种鱼虾和蟹纹与菱形几何纹样相互融合组成鞋面的珠绣纹样。

拖鞋是马来群岛最为普遍的鞋型，亚热带气候出行方便，上到皇室贵族、下到平民百姓，不同身份穿不同档次的拖鞋，拖鞋服饰习俗一直沿用至今。英殖民期间，峇峇娘惹接受英国文化的教育，在珠绣图案的装饰风格上体现多元文化互鉴的特征，有伊斯兰几何纹样、欧式花卉、欧洲流行文化中的人物、英文字母等，中华传统花卉、动植物等吉祥纹样，共同组成独具特色的娘惹珠绣纹样。珠绣工艺在丝路文化背景下既借鉴了穆斯林穿拖鞋的服饰习俗，运用了欧洲的新材料，融入了多元的刺绣图案，成为峇峇娘惹文化中独特身份的标志。

三、珠鞋材料与传统刺绣工艺美学互鉴

材料和工艺的创新是人类文明进步的标志。娘惹绣花拖鞋材料和工艺随着时代的发展在不同阶段有着不同的创新实践。珠鞋工艺的材料源于海峡殖民地时期的海外贸易，18—19世纪娘惹服饰主要运用金银线来刺绣纹样，金银线刺绣通常被马来群岛上社会地位较高的人追捧，马来贵族家庭常穿着用金属线刺绣的天鹅绒拖鞋。由于峇峇娘惹的社会地位较高，也是大量使用金银线刺绣拖鞋。传统丝线刺绣动物、植物等吉祥纹样与闽南民间绣花鞋基本相似，只是造型上有所区别。泉州金苍绣的金属线材料的运用与娘惹的金属线绣花鞋工艺针法也是同出一辙，最具典型的是金苍绣荔枝针法、打籽绣针法，金线刺绣在马来语中被称为"苏拉姆（Benang Mas）"，在槟城语中被称为"Kim Siew"。

马来亚娘惹珠绣工艺始于19世纪末，峇峇们通过海外贸易从欧洲带回各色金属线和玻璃珠。捷克玻璃珠的光泽感吸引了娘惹，细小切割玻璃珠给娘惹带来创新灵感，闽南传统荔枝绣和打籽绣都是点状圆形立体视觉效果，珠绣代替了打籽绣，从形状上保留点状肌理，材质上更具光感、华丽，珠绣鞋成为娘惹盛装搭配。到20世纪20年代，绣花鞋面材料玻璃珠已经完全取代了丝线和金属线，串珠满绣的珠鞋在马来语称为"Kasut Manek"。同时珠绣工艺延伸到家用纺织品及其他服饰配件中，如珠绣桌布、床上饰品、腰包等。"珠鞋"是峇峇娘惹结婚必备的鞋子，一双珠绣拖鞋串绣上万颗玻璃珠。珠绣工艺是评价娘惹贤惠的重要依据，也是峇峇娘惹身份的象征，珠绣拖鞋被视为峇峇娘惹族群传统服饰的符号。

厦门珠绣拖鞋工艺分为全珠和半珠（绒珠）两类。全珠是鞋面上全部绣满色泽鲜艳的玻璃珠，半珠是丝绒面料上用玻璃珠、电光片绣各种图案。珠绣拖鞋款式繁多，

有半跟、高跟、斜跟、平跟、软底、尖头、圆头、鱼嘴头等。鞋面图案大都取材于传统的民间题材图案，如龙飞凤舞、双龙戏珠、狮子戏球、牡丹引凤、荷花鸳鸯、梅花双鹊等动植物纹样；传统玉龙八宝图案（葫芦、狮角、蕉叶、宝扇、书、画、琴、棋）也被艺人们巧妙地利用珠子的特点，熟练地运用凹绣、平绣、串绣、粒绣、乱针绣、竖珠绣、叠片绣等各种传统技法，将图案绣在鞋面。

珠绣拖鞋制作工艺流程为先准备珠子、线等材料（图6-5-10），布料上画样，布料合布、冲裁（包括冲面、冲内里、冲绳边、裁衬布、冲纸板），鞋面印花、糊鞋面、绲鞋口、绣珠面、糊内面、网鞋、涂胶黏合、压底成型。珠绣工艺通常有2种不同的底布刺绣，一种是直接在经纬纱线比较明显的帆布上画好纹样直接点绣，另一种是由于彩色印刷、打印技术的普及，先在方格纸上打印好带色彩的图案，再将色稿纸固定在绣绷上，连着图案纸一起绣制（图6-5-11）。

图6-5-10　珠绣的材料

珠绣的工艺以下六个要点：

（1）选择珠子：绣的时候尽量选择大小比较均匀的珠子，差别太大会影响整体效果。

（2）珠子方向：所有珠子的倾斜方向必须保持一致。

（3）起针点：通常以图案的最下面一排（左下角或者右下角）为起点。

（4）起针：起针时，先将绣线尾部打结，在绣布背面穿过几针（注意不要穿透到正面）后，从起针点穿出。

（5）收针：绣线快用完时，将针穿入绣布背面，在绣布背面穿几针，然后直接剪断即可，无须再打结。注意不要在绣布上打结。

图6-5-11　不同底布上刺绣

（6）珠绣绣好每一针后，针都是在绣布的正面，只有收针时，针才会在布的背面。所以无须使用绷子来辅助完成。

厦门珠绣被列为福建省非物质文化遗产，21世纪海上丝绸之路建设中，珠绣工艺设计风格、作品新的形式等物质文化的传承与创新，更是内在文化价值的传承与传播。

四、南洋珠绣促进了闽南外贸手工业的发展

珠绣被传入厦门之后，心灵手巧的厦门人则把珠绣艺术发挥得淋漓尽致，也就是南洋的珠子厦门的手艺成就了厦门珠绣艺术。到了20世纪50年代，厦门曾将民间艺人集中起来，组建厦门珠绣拖鞋厂，专门生产珠绣拖鞋，珠绣艺术在厦门名噪一时。厦门人倾心传承厦门珠绣艺术，将厦门珠绣艺术列为非遗，使其成为本土艺术的一个亮点，厦门珠绣又重新焕发出新的生命力。

《闽南音乐与工艺美术》记载，1920年，厦门活源皮行成批进口丝绒、玻璃珠原料，雇用民间艺匠制作船工拖鞋，产品打入东南亚市场。此后，厦门金山商场、捷克百货商店等陆续经营珠绣拖鞋。1925年前后是闽南珠绣拖鞋兴盛期，厦门的主要厂家有：永昌珠绣厂、致中和号珠绣庄、复南珠绣拖鞋厂、活源珠绣家庭工业社等，仅活源厂月产量就有两三千双，销往菲律宾等国家和我国的漳州、泉州、上海、温州和香港地区。1955年，厦门组建珠绣拖鞋生产小组，同年，并入生产合作社。除厦门珠绣拖鞋厂生产珠绣拖鞋外，厦门珠绣厂、同安珠绣拖鞋厂以及泉州市、漳州市共有七八家企业生产珠绣拖鞋，从业人员五六万，到20世纪80年代初，年产量已近百万双，产品主要出口外销。[1]

马来西亚是历史上海上丝绸之路的重要节点。在娘惹服饰珠绣工艺传承中，珠绣拖鞋是峇峇娘惹服饰多元文化融合代表。刺绣拖鞋在清代和民国时期一直是泉州惠安渔女的婚鞋，惠安女现在依然是穿拖鞋出嫁。同时穿拖鞋也是马来西亚人的服饰习俗，拖鞋便于海洋环境生产劳作，也是海洋文化一种共性体现，珠绣拖鞋是娘惹的独创，把捷克产的细小玻璃珠通过传统刺绣的手法装饰在拖鞋、手提包、家用纺织品中，成为东南亚一时的时尚。

厦门珠绣拖鞋厂的"水晶牌"珠绣拖鞋有1602个品种，远销欧美、东南亚，同时畅销北京、天津、南京、上海、哈尔滨、广州、杭州等地，产品供不应求。1980

---

[1] 刘芝凤：《闽台传统手工技艺文化遗产资源调查》，厦门大学出版社，2014，第267页。

年"水晶牌"珠绣拖鞋被评为"福建省优质产品",1982年被评为"轻工业部优质产品",1985年获中国工艺美术百花奖——银杯奖。厦门珠绣拖鞋厂于1984年被省经委列入"福建省企业管理优秀单位"先进行列,1985年厦门市政府授予该厂为"企业管理优秀单位",经济效益企业坚持增产与节约并重的方针,每年都超计划完成,"六五"期间,该厂共生产水晶牌拖鞋451.5万双,完成工业总产值1114.8万元,其中,出口产值为947.6万元,占总产值的85%,为国家创汇446万美元,实现税利267.36万元。1986年产量为70.7万双,完成工业总产值212.1万元,实现税利35万元,出口收购值220.7万元,外汇约200万美元。[1]

服饰是人类文明的重要载体,传递时代的文化、艺术、社会的信息,娘惹珠绣拖鞋传递了20世纪新加坡海外华人服饰的历史文化和社会价值。中华传统服饰通过海上丝绸之路与外族文明相互交融,在东南亚形成独特的娘惹多元服饰文化,也是马来西亚极具特色的文化符号和珍贵文化遗产,服饰文化审美反映了不同民族的传统礼俗、宗教信仰、价值观念和伦理思想,娘惹服饰在美学领域跨国界、跨种族、跨文化的多元组合,反映了海外华人后裔面对多元文化环境时,以积极开放的态度接受新材料和新观念的美学思想,峇峇娘惹文化创造了东南亚不同民族服饰美学融合的典范。

第六节 东南亚娘惹服饰的跨文化融合

服饰是一个社会群体相互交流和信息传递的重要符号,娘惹服饰是马来西亚华裔特殊社会群体的服饰符号,是对中国传统服饰习俗的传承同时融合多元审美形式的创新。东南亚马六甲、槟城和新加坡等地的大部分华人祖籍是福建闽南人,峇峇娘惹为期12天的婚俗礼仪就是传承于闽南的传统婚俗,礼仪习俗的传承必然伴随着服饰习俗的传承。通过对东南亚娘惹文化实地考察,发现娘惹发饰"Hwa Kbwan"发饰与闽南蟳埔女"簪花围"的发饰有很多相似之处,包括发梳和发簪。而"Hwa Kbwan"既不是英语也不是马来语,而是闽南语"花冠"谐音,闽南蟳埔渔女"簪花围"的发饰与马来西亚娘惹"Hwa Kbwan"发饰,从螺旋髻发型到簪花围、发梳、发簪装饰都有共同的装饰特征。

娘惹服装从长衫演变到卡峇雅,既有明代褙子结构,又有西式的低领修身的造型,也有马来族群的服饰特征,充分体现娘惹文化的多元性和包容性。中国与东南亚

---

[1] 陈志海、《中国轻工业年鉴》编辑委员会:《中国轻工业年鉴1987》,轻工业出版社,1988,第549页。

地缘相近，不同文明之间交流互鉴的历史源远流长，呈现出不同阶段性的特征，留下了丰富的文化遗产。❶

一、中华绾发盘髻的发式习俗海外传播

娘惹发髻与蟳埔女共同点都是绾发盘髻，共同的发式习俗是从小蓄发，不用假发，为了盘髻，落发和剪发都要保留下来一起编入发髻中，传承了古人"身体发肤，受之父母，不敢毁伤，孝之始也"的特殊情结。通过槟城和马六甲两地都有土生华人博物馆（Pinang Peranakan Mansion），也就是我们平时所说的娘惹博物馆获得收藏资料，这两地的娘惹博物馆同是孙蒎茂先生（Peter Soon）收藏创办的，两地博物馆关于娘惹生活习俗的藏品也是大同小异。通过博物馆资料我们看到昔日娘惹同样梳理干净利落的螺旋式发髻，同样不留刘海，所有头发都是归纳一束，盘在头顶，通过发簪固发（图6-6-1），娘惹从小保留到齐腰长的头发，为了保持她们的发型，睡觉时经常把头发完整地挽成一个髻枕在陶瓷枕上，她们认为在长辈面前披头散发是大不敬的。

蟳埔女与娘惹发髻不同点是盘髻的位置不同，娘惹发髻是盘在头顶，蟳埔女是盘在脑后，固定发髻的方式不同，蟳埔女因为是脑后盘髻，发簪是横向固定发髻，蟳埔女现在的发髻是清代晚期汉族妇女圆髻的传承，只是固发的发簪选用象牙筷是蟳埔女独特的发饰习俗。娘惹发髻是盘在头顶的高髻，类似明代的高髻，和清代早期汉族妇女的"一窝丝"发式很接近，发簪通过头顶直插和围绕发髻周围固定。

绾发盘髻是我国古老的发式习俗，先秦时期就开始绾发盘髻，据《孝经》记载："身体发肤，受之父母，不敢毁伤，孝之始也。"❷男女都以绾发盘髻为俗，不同年代不同时期，绾髻的方法也随着审美不同而变化，如有平蕃髻、归顺髻、长乐髻、百合髻、螺髻、椎髻、杭州攒、苏州撅、圆髻等，发髻不仅美观，还是身份的标志，《蛮书》记载"望蛮妇女，有夫者两髻，无夫者顶

图6-6-1　娘惹盘髻

---

❶ 何祖坤、林延明：《文明交流互鉴与中国——南亚东南亚命运共同体构建》，《南亚东南亚研究》2020年第3期。
❷ 邢昺疏：《孝经注疏》，李隆基注，上海古籍出版社，2009，第13页。

髻后为一髻";《闲情偶记》记载"古人呼发为乌云，呼髻为蟠龙，近世有牡丹头、荷花头、钵盂头，穷新极异"。❶蟳埔女现在的螺旋发髻，沿袭了清代后期汉族妇女的圆髻，清代初期到中期延续了明代妇女的发式习俗，清代入关以后服饰制度推行"男从女不从"，汉族妇女从传统头顶髻过渡到脑后发髻，也就是清后期的圆髻。娘惹是明朝华人后裔，明代发髻还是绾发盘髻于顶，《马来西亚华人史》中也有记载："……马六甲华侨大都来自闽省，男女顶结髻，习俗同中国……"❷娘惹发饰沿袭了明代的盘发髻于头顶的习俗，明代"钵盂头""杭州攒"，也称"一窝丝"，和娘惹的发式很是接近，《金瓶梅》十五回："李桂姐出来，家常挽着一窝杭州攒，金累丝钗，翠梅花钿儿，珠子箍儿，金笼坠子。"可见娘惹的发式既源于中国传统服饰习俗，同时兼容了外来文化。

二、中华传统簪花习俗海外传播

娘惹簪花发饰和闽南蟳埔女簪花发饰有着共同的特征，将茉莉花蕾串成一串，围绕圆形发髻底部一周作为装饰，装饰花朵有鲜花和假花，也称为生花和熟花，而且都是以白色茉莉花蕾作为基础搭配（图6-6-2）。蟳埔女簪花围习俗渊源一直众说纷纭，有人说是源自宋元时代的阿拉伯人遗风，也有人说源自中国古代风俗，蟳埔女因簪花围习俗而成为标志性形象符号（图6-6-3），一年四季鲜花满头，被称为"行走的花园"，为了供蟳埔女四季鲜花，附近的云麓村专门养花、卖花，云麓村曾经是阿拉伯人蒲寿晟的私家花园——云麓花园，种植大量阿拉伯移植来素馨花、茉莉花等各种奇花异木。

娘惹发饰簪花围发型称为"Hwa Kbwan"（槟城闽南语发"花冠"），如图6-6-4所示，从收集

图6-6-2 娘惹茉莉花簪花围

图6-6-3 蟳埔女簪花围

---
❶ 王初桐、陈晓东：《奁史》，文物出版社，2017，第1125、1134页。
❷ 宋哲美：《马来西亚华人史》，香港中华文化事业公司，1964，第51页。

图6-6-4 娘惹簪花头饰

的资料来看,娘惹簪花围不是鲜花,用其他材料制作的茉莉花蕾的"像生花",也称为"熟花",这些"像生花"是否因为鲜花不好保存,后来演变成为"像生花",有待查证。娘惹簪花围有两层以上不同的人造熟花环装饰在螺旋髻的底部,第一层是茉莉花蕾,第二层是粉色盛开的花环,茉莉花蕾也由多层组成,发髻中间一层插上镶有钻石的发簪,一般是7条或9条。娘惹平常的发式主要由白色的纸茉莉花环围绕发髻作为装饰,马来语"Bunga Melor"是"茉莉花"的意思,是娘惹发式必备的装饰物,通常用薄软纸折成茉莉花芽,用细线穿成一条,也有3条花芽组合成上、中、下一组花环,围绕发髻一周。

中华传统簪花习俗在海外传播,"簪花"一直是我国传统习俗,是大自然馈赠最美的装饰物,蟳埔女喜戴茉莉和素馨花,茉莉花作为佛教圣花之一,随着佛教传入福建,福州的茉莉花茶一直畅销东南亚,茉莉花的清香自古以来一直成为妇女们所喜爱的簪花。汉时陆贾《南中行纪》就有对茉莉花、素馨花的记载:"云南中有花,惟素馨香特酷烈,彼中女子以采丝穿花心,绕髻为饰。"《乾淳岁时记》也有记载:"茉莉初出之时,其价甚穹。妇人簇带多至七插,所值数十券。"南宋建阳人祝穆《素馨》诗中有"细花穿弱缕,盘向绿云鬟";可见南宋已有鲜花串成花围的发饰。清初周亮工撰《闽小记》载曰:"闽素足女多簪全枝兰,烟鬟掩映,众蕊争芳,响屧一鸣,全荃振媚",❶可见蟳埔女簪花习俗源于我国传统的头饰习俗。

明代王象晋《二如亭群芳谱》就有记载:"……五六月时配白茉莉,妇人簪髻,娇袅可挹……"南宋陈善《扪虱新话》也有记载:"茉莉六月六日种者尤盛,市中妇女喜簪茉莉。"宋代簪花习俗盛行,从宫廷到民间,西湖老人《繁胜录》就有记载:"茉莉盛开城内外,扑戴朵花者,不下数百人。"鲜花毕竟是时令花,为了常年簪花,宋人就用罗绢等各种材料制造出"像生花"的假花。假花作为商品流通于各种花行,成为一时时尚,耐得翁《都城纪胜》记载:"官巷的花行,所聚花朵、冠梳、钗环、领抹,极其工巧,古所无也。"娘惹的纸花和编织布花也源于"像生花"。"近日吴门所制象生花,穷精极巧,与树头上摘下无异。纯用通草,每朵不过数文,可备月余之

---

❶ 王初桐、陈晓东:《奁史》,文物出版社,2017,第1096页。

用"；又有"绒绢所制者，价常倍之"。❶这类发饰一时成为妇女喜爱之物。

三、中华插梳和簪饰习俗的海外传播

（一）梳饰装饰艺术融合

娘惹梳饰考察中有玳瑁、骨梳和象牙梳的记录和实物，将从马六甲娘惹博物馆考察到的发梳，与蟳埔女发梳相比，梳背金色雕花和镶嵌宝石装饰工艺如出一辙（图6-6-5、图6-6-6），不同的是娘惹发梳还有纯粹的金梳，从插梳的位置来看，娘惹的发梳插在脑后的发髻上，起到固发和装饰的作用。由于马六甲经历了多国的殖民统治，娘惹对中华传统发式习俗主要来源于父辈的影响，虽然沿袭华人传统发梳习俗，同样是吉祥纹样为主要元素，但锻造师傅大多来自印度、斯里兰卡等地，在间接传承的过程中，融入了多种文化，形成了中西合璧的梳饰特征，由于娘惹的家庭基本都是富商家庭，装饰艺术奢侈华丽，图6-6-5右边的这把扇形的梳子，稀疏的梳齿和纯金打造，装饰大于实用，这种梳饰大约在1880年，金色的扇形框架上镶有当时流行的玫瑰式切割钻石（Intan）嵌件，三个相当大的卵形祖母绿装饰这把梳子，梳子插在发髻后面底部。在图案表现上，由于马六甲和槟城在殖民统治时期受欧洲文化影响，图案及造型呈现中西结合的特点。

图6-6-5 马来西亚娘惹金梳

图6-6-6 蟳埔女发梳

（二）发簪装饰艺术融合

娘惹发簪与闽南蟳埔女发簪也有许多相似之处，从发簪的种类和形状来看，凤凰、孔雀、昆虫、花朵簪都是蟳埔女和娘惹共同喜爱的，另外还有一种耳挖簪也是其共同的发簪种类。蟳埔女发簪和娘惹发簪不仅是发簪的题材和形状相同，材质也是一样，都是黄金打造，只有在丧礼或作为陪葬品的时候才使用银簪。

马来西亚娘惹发簪的马来语是"Cucuk Sanggul"，福建籍峇峇娘惹的闽南语是

---

❶ 李渔：《闲情偶寄》，上海古籍出版社，2000，第153页。

"Cbiam Mab"[1]，马来西亚娘惹发簪集华人传统发饰文化、马来本土文化、印度、英殖民等多元文化于一体。马六甲和槟城的娘惹发簪饰品分为盛装发簪和日常装发簪，她们每个人都会有几套发簪，适合不同的场合，小女孩头发少，使用较小、较短的发簪，结婚的时候佩戴黄金镶有钻石的发簪（图6-6-7），材料一般分为黄金、9K金和白银，白银发簪一般是服丧期间佩戴或作为陪葬品，闽南蟳埔女也是不戴银簪，蟳埔女发簪类型丰富，包括花簪、佛手簪、挖耳簪、宝剑簪等，如图6-6-8所示。马六甲和槟城娘惹的发簪装饰风格也有不同，槟城的娘惹发簪是从长到短成套的，一套有5、6、7、9个娘惹发簪不等（图6-6-9），最长的发簪直接插在发髻的正前方，与鼻子成一条直线，剩下的发夹顺时针绕着发髻排列，漂亮地向外呈扇形展开，形成一个更大的圆圈，就像一顶闪闪发光的光环挂在娘惹头上，而这些发簪因为奢侈昂贵通常是作为结婚礼物送给新娘

图6-6-7　娘惹头饰发簪

图6-6-8　蟳埔女头饰发簪

的。马六甲娘惹发髻顶部簪有3条簪固定发髻，其中形状有类似耳挖勺，马来语称为"Korek Kuping"（图6-6-10）。

　　插梳沿袭了我国古代梳饰的习俗，《髻鬟品》记载，"舜以瑇瑁、象牙为梳"，这里"瑇瑁"通"玳瑁"。《东宫旧事》记载："太子纳妃，有玳瑁梳三枚、象牙梳三枚。"唐代诗人王建的《宫词》："玉蝉金雀三层插，归来别赐一头梳。"《明史》也有

图6-6-9　娘惹日常花形发簪

图6-6-10　娘惹挖耳簪

---

[1] Lillian Tong. traits Chinese gold jewellery（Georgetown：Pinang Peranakan Mansion，2014），p.37.

记载"命妇首饰,一品有珠翠梳,五品有小珠篦梳,六品有珠缘翠篦梳"。❶北宋妇女对插梳极度痴迷,从宫廷到民间随处可见。北宋时期流行的冠梳一度成为女子的一种冠礼。玳瑁是海洋中一种体形较大的龟,分布广泛,在古代,既是名贵的药材,又是珍贵的装饰品。玳瑁头梳是蟳埔女从出生到终老必备的发梳,出嫁的时候镶上金梳背作为嫁妆,陪伴蟳埔女一生,玳瑁梳饰在汉代就有记载,著名诗篇《孔雀东南飞》中就有"足下蹑丝履,头上玳瑁光"的诗句。

"簪"在《辞海》里的解释:簪,古人用来插定发髻或连冠于发的一种长针,与"笄"稍有区别。"笄"是固发、固冠的细长物,蟳埔女横螺旋的细长象牙筷就是"笄","簪"是一端插入发髻,另一端装饰的妇女头饰,短于笄,后来又专指妇女插髻的首饰。马六甲娘惹和蟳埔女金挖耳簪都源于中华传统文明,金挖耳簪在明代就是妇女发饰品之一,1963年,上海松江县诸纯臣夫妇墓出土的金挖耳簪,长6.5厘米,出土时即插在女性墓主人的发髻上。❷娘惹是明清时期留在马来华人的混血后裔,华人的发饰习俗和礼仪一直影响娘惹的服饰习俗。马六甲的"Cucuk Sanggul"发簪由精致奢华的金色圆球形花冠和一个箭形尖头组成,凤凰羽尾和百合花的卷曲旋涡装饰着发簪,镶嵌玫瑰式切割钻石(intan),插在发髻顶部和中部。从形式上来看,凤凰、牡丹和八仙,这些发簪已经不是中国原有的风格,但都代表吉祥。黄金镶嵌各种宝石装饰风格也是源于明朝发饰的装饰特点,南京出土的明代黔国公沐斌继室夫人头饰全部为金质,每件首饰上均镶嵌玲珑剔透的各种宝石。❸

蟳埔女独特的头饰文化在历史的长河中传承与创新,骨针安发、簪花、插梳和发簪在传承传统汉文化服饰习俗的同时,与所处海洋文化的融合,蟳埔女发饰与马来西亚娘惹的发饰都源自中华传统服饰习俗,蟳埔女默默坚守传承着祖先的服饰文化。娘惹服饰习俗大都来源于闽南的服饰习俗,她们同根同源,皇冠式簪花围、发梳的葡萄牙装饰纹样和发簪镶嵌工艺都是多元文化的见证,娘惹花冠头饰既保留了中华传统服饰文化,又融入了马来文化,还受到欧洲殖民文化的影响,在与不同民族文化的交汇融合中,娘惹花冠头饰保留了汉文化的鲜明特征,也体现了时代文化特色,成为人类的宝贵非物质文化遗产。

---

❶ 王初桐、陈晓东:《奁史》,文物出版社,2017,第1086-1137页。
❷ 郭海文、王霁钰:《奁史》,《学术交流》2017年第11期。
❸ 张蕾:《明代嵌宝石金头面——发髻上的"奢饰品"》,《南京日报》2011年第12期。

四、娘惹服装跨文化融合

文明互鉴是海丝文化形成的基础，也是构建人类命运共同体的文化基础。新加坡峇峇娘惹文化充分体现了海丝文明的包容与互鉴。海丝文化背景下娘惹服饰多元美学思想观念的形成；服饰美学的地域性和时代性特征；海外华人传承中华文化自觉性的同时，主动或被动地互鉴融合其他多元文化，综合反映了人类文明在不断的互鉴过程中发展进步。

槟城州（Negeri Pulau Pinang），15世纪称为槟榔屿，中国明代永乐年间成书的《郑和航海图》中就有槟榔屿的称呼，是马来西亚十三个联邦州之一，州首府乔治市是重要港口城市。1786年，槟城被英国殖民政府开发为远东最早的商业中心，居住在槟城的峇峇娘惹祖籍以闽南为多，19世纪后期槟城福建五大姓：邱氏、谢氏、杨氏、林氏、陈氏，在槟城贸易、船运、采锡、经济作物种植、承包，占据支配性地位，渐渐形成了主导槟榔屿闽南人社会的主流，闽商多次任"甲必丹（Captain）"，协助殖民政府处理侨民事务，现在槟城土生华人博物馆，就是建在甲必丹郑景贵的府第内，被列入亚洲二十五个最值得去的博物馆之一。在槟城土生华人博物馆（峇峇娘惹博物馆）考察调研中，娘惹服饰自成一个服饰风格，不同于马来服饰风格，既有闽南传统服饰的特征，又具有马来服饰和欧洲装饰风格。

马来西亚是由马来人、华人、印度人和多个原住民族组成的多民族国家，在殖民期间融合了波斯、阿拉伯和欧洲的文化色彩。多元文化背景下的娘惹服饰沿袭了中华传统服饰习俗，既传承了中式美学的含蓄与包容，又融合了当地马来族群鲜艳纱笼服饰美学，同时兼容了被殖民时期的欧洲宫廷华丽富贵的装饰美学，形成了东南亚独特的华裔服饰。

1. 19世纪娘惹传统"长衫"

"长衫（Baju Panjang Sarong）"是19世纪娘惹主要服装款式，属于上衣下裳形制，是一种长及小腿的长衫（图6-6-11），槟城福建话称为"Tang Sah"，款式与明代常服"褙子"结构类同，对襟直身，无领但领口呈V字形领，连身窄袖，但侧缝不开衩，可能是受马来长袍的影响，长衫从搭配的形制来看，兼容了马来服饰美学，平常搭配的下装是马来纱笼裙（Sarong），并不是明清时期的百褶马面裙，只有在婚礼等隆重中式礼节上才穿马面裙，长衫与纱笼裙的长短搭配传承了明代"身长三尺有余，露裙二、三寸"的搭配之风，长衫内搭白色立领衬衫（Baju kecil），槟城福建语称为"Tay

Sah",长度及臀,立领系有2粒扣,袖口和下摆一般有拼接的花边,平时做家务时可穿,穿上长衫,会露出领口V型部分,与男装西服露出部分相似,当地其他土著妇女没有这种穿搭,这也是娘惹服装的一个特点,长衫没有纽扣,依靠马来胸针(Kerosang)固定,这是一个固定的搭配,一大二小,大的叫"Kerosang Ibu"是心形设计,小的呈圆形,有母子胸针的意思。

图6-6-11 娘惹长衫

长衫还有一个肩帕的搭配,用一块大约50厘米宽的方形面料,折叠成三角形,槟城福建话称为"Sah Kak Po",也就是三角形布的意思,一端藏于前领,另一端搭在肩上拖在背后作为装饰,巾帕面料和色彩有与衣服相同、视觉统一的效果,也有不同面料的肩帕起到对比装饰的效果,类似于清朝女子服装配饰领巾,清代女子领巾呈长方形,一面压在领子里面,另一面落在前胸,娘惹领巾折叠的形状类似于清代女子手帕折叠造型,清代女子手帕也是经常叠好夹在靠腋下的衣襟处,娘惹的肩帕装饰是否源于清代女子手帕和领巾,创新为肩部的装饰,现在不得而知,手帕的别名有罗帕、香帕,也是我国古代女子特有的私密用品。马来群岛土著妇女在日常生活中也有佩戴披肩布的习俗,一块长方形的布,蜡染布较多,长约200厘米,宽50厘米,折叠成长方形披在肩上,当地人称为"Selendang",娘惹的肩帕结合了马来族群的肩布,同时融合了中华传统女性的巾帕,这也是娘惹服饰与本地族群服饰的差异。

长衫搭配的下装纱笼裙,纱笼裙(Sarong)是东南亚典型的传统服装,不仅是马来西亚、泰国、缅甸等也穿着这样的服装,不分男女老幼,男性服装较为朴实,以素色或几何纹样为主,女性服装色彩多样,中国古籍(晋)李石《续博物志》记载:"诸蛮并不养蚕,收婆罗木子,破其壳,中如柳絮,细织为服之,谓之裟罗笼段。"❶纱笼裙是一种长方形的面料,一般宽约100厘米,长约200厘米左右,将长方形的两端缝在一起形成一个筒状,布的长度要达到脚踝,套在腰部开始包缠,一般是从左到右包裹的,裙子底部要水平,腰部多余的面料折叠或打褶,然后将纱笼扎进腰部。纱笼裙

---

❶ 包茂红、李一平、薄文泽:《东南亚史文化研究论集》,厦门大学出版社,2014,第22页。

的面料主要是蜡染布，称为"Batik"，主要从印度尼西亚的爪哇进口，19世纪上半叶娘惹的纱笼裙色彩喜欢用红色花纹，这也是受中国传统喜红的习俗影响，蜡染布图案以伊斯兰几何纹样为主，编织格纹蜡染纱笼与当地马来妇女的纱笼裙没有多大的差异，19世纪晚期，印度尼西亚土生华人的蜡染作坊兴起，主要是服务土生华人娘惹，中华传统吉祥纹样开始运用到蜡染纱笼布中。

2. 20世纪多元融合的"卡峇雅"

卡峇雅（Kebaya）是20世纪初年轻娘惹的时尚服装（图6-6-12），马六甲、槟城、新加坡三地被英殖民统治时期，娘惹服装受到西方文化的影响，长衫演变成中老年服装。从20世纪初的照片可以看出，老年娘惹依旧穿长衫，年轻娘惹都是穿Kebaya Renda，"Renda"在马来语中是花边的意思，槟城闽南语称为"Lienla"，可以看出卡峇雅最大的特征是花边装饰，欧洲蕾丝花边材料被娘惹广泛运用到服装中去。

卡峇雅款式造型完全不同于长衫的袍服，长度缩短及臀，收腰合体，连身袖改为西式衬衫的装袖结构，充分展示显示女性的曲线美，保留低领、开襟结构以及马来族群胸针固定门襟的习俗，卡峇雅前面比后面长，前长是礼仪端庄的设计，后短是考虑坐下之后可以避免衣服被压皱，同时展示身材的曲线。20世纪30年代，卡峇雅面料都是采用轻薄透明纱质材料，流行色彩鲜艳的瑞士纱，欧洲流行的荷兰蕾丝花边作为下摆、袖口等处的装饰，前片斜向下摆与图案结合形成两个三角形装饰部分为"衬料（lapik）"，传统刺绣工艺一直传承，20世纪30年代，刺绣打孔技术的运用取代了蕾丝花边的装饰，马来语称为"Ketok Lobang"，也称为"英国刺绣"，运用在上衣的门襟边缘、翻领、袖口，以及下摆，这种打孔刺绣不用拼接，直接在面料上根据设计的花样，先打孔后刺绣，产生类似蕾丝的效果，优于蕾丝的拼接和单一化，刺绣的纹样既有传统凤穿牡丹、喜鹊登梅，也有伊斯兰几何纹样、欧洲花卉、卷草纹样，英文字母纹样，还有吉祥汉字纹样、团花寿字纹等典型的中华服饰纹样。卡峇雅沿用马来胸针作为门襟的链接扣，三枚胸针装饰一直延续至今。

卡峇雅搭配的裙装纱笼裙，款式基本没有变化，主要是图案和色彩的变化，这个时期蜡

图6-6-12　娘惹服装卡峇雅

染纱笼中最流行的图案就是欧洲花卉设计，马来西亚伊斯兰教规定禁止绘制人物和动物图案，娘惹主要信仰的是佛教、道教等，图案上不受伊斯兰教的限定，而且土生华人蜡染坊专供娘惹蜡染布的需求，被称为"Batik Nyonya"，中国吉祥纹样、伊斯兰几何纹样、欧洲花草、人物纹样综合运用在娘惹的蜡染纱笼裙中。

闽南传统服饰文化通过海上丝绸之路漂洋过海到南洋群岛，在与外族文明相互交融，形成独特的娘惹服饰文化，古老的海丝之路不仅带动了经济的繁荣发展，也促进了不同文化的交流与碰撞。娘惹服饰反映了海外华人后裔面对多元文化环境时，以积极开放的态度接受新材料和新观念的美学思想，峇峇娘惹文化创造了东南亚不同民族融合的成功典范，海丝文明的互鉴促进了世界民族文化的交融。2008年蟳埔女习俗被录入国家级非遗名录，同年，马来西亚马六甲古城和乔治市（槟城首府）被列入世界文化遗产名录，峇峇娘惹文化属于马六甲和乔治市世界遗产文化重要组成部分，成为海丝文化的历史见证。

蟳埔女和娘惹发饰习俗来源于中华民族传统文化习俗，人是文化的创造者，也是文化的承载者。闽南传统习俗伴随着闽南人下南洋而自觉进行海外传播，通过海上丝绸之路与外族文明相互交融，形成了多元的海外华人习俗，娘惹发饰皇冠式簪花围、发梳的葡萄牙装饰纹样、发簪镶嵌工艺都是海丝文化的见证，既保留了中华传统发饰文化，又融入了马来文化，还受到欧洲殖民文化的影响，充分体现海丝文化的多元性和包容性。海外中华儿女自觉传承中华文化的同时，也不断带回异域文化，海丝之路不仅带动经济的繁荣，也促进了不同文化的交流与碰撞，推动了人类文明的进步和发展。

第四部分
闽南"非遗"渔女服饰保护与传承

第七章　闽南"非遗"渔女服饰生态修复和保护

闽南习俗伴随着闽南人的海外移民历史，在海外传承、发展和变化。只有通过修复原来的文化生态再造新的文化生态，使其适合现代人的生活方式，遗产才能得以传承。人类文明发展离不开传统文化和外来文化。海上丝绸之路是人类突破海洋的限制后，以海洋为通道进行物产的交流、思想的碰撞、文化的融合而产生新的文明[1]。闽南传统服饰文化通过海上丝绸之路漂洋过海到南洋群岛，在与外族文明相互交融中形成独特的娘惹服饰文化，古老海丝之路不仅带动经济的繁荣同时也促进了不同文化的交流与碰撞。

文化生态是生态理念与文化的融合，一个地方之所以具有特殊性，不是因为它具有某种长期的内化历史，而是因为它是由特定的社会关系群构成，并在特定的地方相遇并交织在一起[2]。文化修复与维护的过程，也是共同体再造的过程[3]，只有修葺非物质文化遗产和与之相关的物质文化，才能有效地使遗产文化生态下的经济、社会、文化生态的和谐相处。其中，民间习俗生态文化修复和保护，是遗产文化依存的首要环境。

第一节　民俗信仰活动促进闽南"非遗"渔女服饰传承

福建作为"21世纪海上丝绸之路"的核心区，具有面向东南亚的重要区位优势和侨缘优势，其民间信仰无疑将担负起与东南亚各国进行文明对话、传递中华文化、营造中国图像的政治文化外交使命[4]。在"21世纪海上丝绸之路"建设中，通过民心相通在海外传承弘扬我国传统文化，妈祖被称为"海上保护女神"。全球共有妈祖宫庙5000多座，源于"海丝"的妈祖文化属于世界文化。"妈祖下南洋·重走海丝路"巡

---

[1] 苏文菁：《海洋与人类文明的生产》，社会科学文献出版社，2016，第5页。
[2] 多琳·马西：《空间、地方与性别》，毛彩凤、袁久红、丁乙译，首都师范大学出版社，2017，第213页。
[3] 郭永平：《生成整体论视域下文化生态保护区的实践机制研究》，《西南民族大学学报（人文社会科学版）》2020年第8期。
[4] 蔡明宏：《宗教外交中的中国图像与建设——以福建民间信仰与东南亚国家的文化互动为例》，《南洋问题研究》2018年第3期。

安活动从2017年开始，先后巡安马来西亚、新加坡、菲律宾和泰国等地，反响热烈，有助于推动与海丝沿线国家和地区民心交融。同根同源的民间信仰成为海外华族与祖国精神文化互动的源头，传统民间信仰包含着中华伦理道德文化精髓。

妈祖信仰是海丝文化重要组成部分，妈祖信仰在远洋渔业生产中，主要起了稳定情绪，增强人们信心和勇气的作用，妈祖信仰凝聚了航海人之间的整合，相互认同的凝聚力量。东南亚是海上丝绸之路建设的域外第一站，妈祖信俗广泛传播于东南亚国家，惠安大岞村的妈祖天妃宫（也称"东宫"），小岞的妈祖霞霖宫，蟳埔村的顺济宫，每年都会举办不同的巡境仪式，每次信仰活动成百上千的渔女们组成不同的队伍；蟳埔女每年的妈祖巡香，各村组织不同的女子方队，通过服装区别于其他队，腰鼓队服装、挑花篮队服装、挑海鲜队、女子舞龙队等20多个队，她们自己设计，她们统一定制服装，最虔诚的心沐浴妈祖恩赐。惠安女在妈祖巡境活动中，按不同年代的服装组队踩街，整齐中不失变化，传承的同时不断创新，成为妈祖巡境活动中不可缺少的组成部分。

一、蟳埔农历正月二十九日的"妈祖巡香"信俗

泉州蟳埔村每年农历正月二十九日"妈祖巡香"盛大民俗活动，是渔民们春节后举办的最大的盛事，属于蟳埔村民间自发组织的活动，蟳埔渔女们盛装踩街，成为每年泉州最具特色的妈祖信俗活动之一。妈祖是渔人的守护神，蟳埔渔女们盛装打扮，满怀虔诚之心，祈求妈祖庇护"讨海"平安。蟳埔村中供奉妈祖的顺济宫，明万历年（1573—1620）渔民和商人共建妈祖宫；清代顺治十八年（1661），泉郡水师都司刘志盛驻军村中，献地重建，称为"顺济宫"；康熙二十四年（1685）施琅将军敬匾"靖海清光"，据传施琅将军曾至秀涂一带检查练兵时，听说蟳埔有一座妈祖宫，特意入宫求签，祈求妈祖保佑平台取胜，日后施琅果然全胜而归，来宫敬奉。[1] 匾额上款为："大清康熙二十四年（1685）"，下款为"提督靖海将军、靖海侯施琅立"。民国二十年（1931）当地与侨商重修，印尼三宝垄侨商翁克阶、黄福献匾"灵杨水国"。顺济宫坐北朝南，前后两进，中有拜亭，建筑面积400多平方米，总占地面积约1500平方米，主祀海神妈祖，分别有大妈、二妈和三妈三尊妈祖，配祀观音菩萨、保生大帝、田都元帅、康王爷、夫人妈（圣姑妈）、千里眼、顺风耳等。[2] 妈祖，又称天妃、天后、天

---

[1] 福建省文物局：《福建涉台文物大观（上）》，福建教育出版社，2012，第51页。
[2] 泉州老子研究会：《众妙之门——"海上丝绸之路与蟳埔民俗文化"研究专辑》，泉州市丰泽区文体旅游局，2004，第87页。

上圣母,姓林名默,福建莆田湄洲屿人,妈祖在老百姓心目中,她是海上保护神。顺济宫是东南亚及台湾等地妈祖信仰的传播祖源之一,从明万历年间不足25平方米的小庙,到如今雕梁画栋的宏大庙宇,一种信仰能够持续地给予一方信众以光明和力量。

蟳埔村"妈祖巡香"信俗仪式是村民自发组织的信俗活动,全村几千渔女参与仪式各种方队。每年的农历正月二十九日这天,蟳埔村会进行盛大的妈祖巡游仪式。巡香当日,妈祖神像从顺济宫请出,包括"大妈""二妈""三妈",还有"三太子"(图7-1-1),千里眼、顺风耳,都会被抬出来绕境巡游,保佑渔民们新的一年平安、丰收。当天蟳埔村民和渔船都不出海,渔船整齐排列在出海口,各自的渔船上张灯结彩,迎接妈祖到来。出嫁到外地的蟳埔女也会回到娘家来参加巡香的盛事。在这个隆重的日子里,巡香前家家户户门前摆起"香妈桌"迎接"妈祖巡香"踩街队伍,"香妈桌"上摆放鲜花、水果、线香、彩旗等供品迎接妈祖,同时还准备了长鞭炮、大烟花,在妈祖神像经过家门时燃放,同时要烧纸钱,妈祖路过时,每户人家都跪求妈祖保佑,抬妈祖的人会用一个专用勺子将香添到每家每户的香炉里,称为"添香",祈福出海平安,有好的年景和收成。

巡香一般是上午10点钟左右开始,以举头旗的人出顺济宫作为信号,一旦出宫门,活动就宣告开始。鸣锣开道,沿着靠海的丰海路、蟳埔路巡安,开始绕境仪式,淳朴的蟳埔村民们会抬着妈祖轿绕村行走,长达数公里的巡香队伍绕行蟳埔、金崎、后埔、东梅等社区。巡香队伍所到之处锣鼓喧天,鞭炮齐鸣,在巡香过程中,不时有翻滚龙舞、斗笠舞、火鼎公婆、腰鼓队等。在巡香队伍中,蟳埔女无论老少都精心装扮,蟳埔女头戴簪花,戴着丁香耳坠,身穿大裾衫、宽脚裤,手捧着香成群结队行进在巡香队伍中(图7-1-2)。在巡游的队伍中,最为醒目的就是蟳埔女组成的各种队伍。

蟳埔的妈祖巡香,是一场人神共庆的盛会。在蟳埔巡香仪式方队中,首先出场的"蟳埔奶奶扫路队",队员一般是精心挑选出来辈分高、有福气的蟳埔阿婆,她们身穿红色花纹右衽大袷衫,搭配黑色裤子,头发梳螺旋发髻戴鲜花围,

图7-1-1 妈祖和三太子

第四部分　闽南"非遗"渔女服饰保护与传承

手里拿着大扫帚，走在队伍的前面，意味扫除一路的不净，以示吉利（图7-1-3）。后面依次是头旗、二旗、三旗方队，小鼓队、五彩旗队、挑灯女队、腰鼓女队等，"肃静""回避"牌、"顺风耳""千里眼"等开道，最后才是"妈祖"神像轿，由娘娘伞和芭蕉扇护卫，妈祖神龛由八名轿夫抬着。据说这抬妈祖的活儿非常抢手，蟳埔共有14支生产队，每3支队负责抬轿一年，平均4年才有可能轮到一次，当地人都争抢着希望被选中，这样可以得到妈祖更大的庇护，成千上万男女老幼信众自由组成的队伍紧随其后，浩浩荡荡。

在整个巡香仪式中，蟳埔女承担不同的护卫任务。蟳埔女抬着一块写有"妈祖沐天恩沧海连金谷"的横幅，横幅后面是写有渔船名号码的红色牌匾，祈愿新年平安、风调雨顺、幸福安康。蟳埔女们自发组织礼乐队，统一定制服装（图7-1-4），穿玫红色传统立领右衽大祛衫，黑色西裤，头戴簪花围，插金梳和各种金簪，以最隆重的服饰礼仪来表达她们对妈祖女神的敬意。

巡香队伍中蟳埔女组织的方队有龙虾螃蟹队、鲜花队、灯笼队、腰鼓队、斗笠灯笼队、舞龙队、锣鼓队、鼓乐队等20多个。每个方队的蟳埔女服装都是不一样的颜色，

图7-1-2　捧香的蟳埔女

图7-1-3　蟳埔奶奶扫路队

图7-1-4　蟳埔女礼乐队

·143·

这些服装都是方队成员自己定制，所有的费用自己承担，浩浩荡荡，延绵两千多米。如图7-1-5所示的蟳埔女水果方队，服装色彩以红色黄色为主色调，款式不变，黄色图案带有闪光的花纹。红色纱质面料同样带金色花纹。蟳埔女现在流行各种带光泽的面料。如图7-1-6所示为蟳埔女举匾方队，方队成员基本是中年妇女，她们统一穿的是橘黄色带有闪光波点的上衣，具有一定的垂感，民俗服饰装饰性通过面料的选择表现出她们对美的认同。如图7-1-7所示为蟳埔女中年腰鼓队，这个队伍的服装是亮黄色的上衣搭配黑色西裤，色彩图案上追随新的面料，蟳埔女现在服装都是以暖色为主，红黄系列为主。如图7-1-8所示为蟳埔女灯笼队，蟳埔女上衣服装图案是红色鱼鳞形几何纹样，突出海洋文化特色，与大红灯笼相得益彰，热烈奔放，充满活力。如图7-1-9所示为蟳埔女海鲜队，服装也是统一设计定制，蓝色红色条纹，热带植物花卉面料，地域特色风情满满，与红色龙虾担、螃蟹担构成丰富对比色。在整个妈祖巡境仪式中，蟳埔女服装可以说是绚烂多彩，与大自然融为一体。

巡香队伍大致绕境一周，以

图7-1-5　蟳埔女水果方队

图7-1-6　蟳埔女举匾方队

图7-1-7　蟳埔女中年腰鼓队

图7-1-8　蟳埔女灯笼队　　　　　　　　　图7-1-9　蟳埔女海鲜队

顺济宫为终点，妈祖巡香最为惊险刺激的当数跳火、冲庙等民俗活动，即在巡香回到顺济宫时，十几名蟳埔青壮年抬着神龛竭尽全力围着熊熊燃烧的火堆前后晃动、转圈颠轿，之后突然跨过火堆冲向顺济宫，安顿神像。据当地的老百姓说轿子晃得越厉害就越能保平安，大家围着神龛在火堆前来回晃动寓意避灾祈福。[1]没有参加踩街的信众们，也不会把本身置身于这场盛大运动之外，他们执香举旗，站在路旁，或虔敬祈祷，或行注目礼。

巡境活动之后，村里还会连演三天大戏，这三天当中，各家各户要在顺济宫"出碟"，实际上就是指各家各户各出一盘精心准备的菜品，供在妈祖神前。蟳埔人相信，有演戏的时候，妈祖会邀请三界的朋友来看戏，这些菜是供奉给妈祖招待朋友用的。

二、小岞霞霖宫妈祖巡境信俗

海内外共同的信仰民俗活动推动中华优秀传统文化走出去，传统渔女服饰一直传承至今与所处的生态环境息息相关。惠安渔女每年在妈祖诞辰日（农历三月二十三日）前几天开始"妈祖巡境"祈福活动，渔女们组成多种方队，抬着妈祖神像绕境巡安，然后去湄洲祖庙请香。小岞镇每年不仅有妈祖诞辰巡境，还有农历十一月二十七日"正顺尊王"巡境，这些民俗活动的主要参与者是渔女，成千的渔女们组成各种队伍，不同年龄的渔女穿着不同的服装组成踩街队伍，她们半夜就起来梳妆打扮，以最虔诚、最美丽的一面参加祈福。妈祖信众遍及海内外，每年活动期间不少侨胞和台胞纷纷返乡寻根拜祖，分炉剪庙，祈求神明保佑海外游子岁岁平安、兴旺发达，同时渔

---

[1] 黄晖菲：《妈祖信俗在地化的发展与演变——以泉州蟳埔村、沙格村民俗活动为例》，《莆田学院学报》2015年第12期。

女们盛装组成腰鼓队走出国门参加分庙落成庆典，引起当地的争相报道，服饰习俗伴随信俗海外传播。

惠安市小岞镇霞霖宫始建于清乾隆年间，坐北朝南，由山门、两廊、天井和主殿组成。整座仿古建筑雄伟壮观，具有一定的艺术、历史价值。宫中祀奉着海上保护神妈祖，称妈祖为"老姑"。❶妈祖林默娘姓林，湄洲岛人，小岞林姓后人尊称妈祖为"老姑"，并在清初自雕妈祖木像作为保护神，将妈祖雕像去湄洲割香谒祖后敬奉。后因神力显赫，进而成为小岞讨海渔民及小岞镇最大的保护神，不管是婚庆喜事、造船建屋，或丧事事务，必奉请妈祖给择个吉日吉时。小岞镇处在湄洲湾南岸出口，与湄洲岛隔海相望，距离约18海里。按小岞口传及湄洲妈祖祖庙记载：小岞霞霖宫妈祖是湄洲妈祖的第四位分身，所以又称四妈祖。

每年的农历三月廿三日，即是妈祖的生日。以霞霖宫牵头，组织乡里人们，以自然村落为单位，开展纪念活动，并沿历史的习惯，三年一大庆。也有选择前几天妈祖巡境，农历三月廿三日当天抬妈祖前往湄洲妈祖祖庙请香。每年妈祖生日数千惠安女组成的巡香队伍从小岞霞霖宫出发，妈祖宫前人山人海，花旗簇拥，锣鼓喧天，沿着海岸线巡境，巡境路线大约10公里，几乎走遍整个小镇，巡境队伍中，每个村庄惠安女组成方队，身着惠女传统服饰（图7-1-10），按照不同年龄段，不同时期的服饰分别组成统一方队（图7-1-11），上了年纪的老人身着乌黑或深蓝服饰，头上梳着螺仔髻，插着金色饰品（图7-1-12）；年轻妇女身着绿、蓝相间服饰，头上顶着金斗笠，每年小岞妈祖文化民俗活动，吸引全国各地的摄影爱好者。

每年农历三月廿三日当天，小岞渔女精心梳妆打扮，各村庄树大旗，廿二日子夜后村庄吹号子集中。大家按照事前的组织，或搭坐自家的渔船，或乘车从海上、陆上，在头主旗开道的指引下，浩浩荡荡，开往湄洲妈祖圣地进香。廿三日入夜后，各角落以不同的形式开展

图7-1-10　民国时期小岞多绲贴背套装

---

❶ 泉州市文化广电新闻出版局：《泉州闽南文化生态保护区展示点图览》，九州出版社，2016，第369。

活动,有的请戏班唱戏,有的唱轻音,有的放录像,有的扛轿祈求平安,全家齐出动,形式多姿多彩,热闹非凡,连续三天。❶妈祖巡香是闽南民俗最具特色的诸神同庆、人神共欢、祈福平安和好收获的盛大日子。

三、小岞惠安女"正顺尊王信俗"

正顺王宫位于惠安县小岞镇后内村,始建于明嘉靖年间,是为纪念南宋抗元名将、爱国诗人谢枋得的坚贞气节,以振作乡民抗倭斗志而建。❷宫内主祀正顺尊王,祀奉妈祖、告海公、舍人公等神祇。谢枋得是南宋江西上饶弋阳县人。传说南宋末年,惠安小岞后内出了一个豪杰,名叫李雄,曾是文天祥抗元义军的一名将佐,和谢枋得是至交。谢枋得殉国后,为纪念这位挚友,画谢枋得像于家中。李雄去世后,其后裔一直在家中奉祀谢枋得。到明朝嘉靖年间,倭寇四处侵扰,盗贼横行,村民为了给抗倭斗争一种精神上的寄托和鼓舞,一致推举供奉在李雄后裔家中谢枋得像为抗倭主神,并在乡民中广泛宣传他矢志抗元、不事二主、以身殉国的英雄事迹。果然群情激昂,战士借助爱国志士的威灵取得了抗倭斗争的胜利,后里各姓氏为庆祝胜利,筹资兴建宫庙以纪念谢枋得。传说谢枋得曾被明朝宣宗皇帝敕封为正顺尊王,就称谢枋得为正顺王或正顺公,被奉为后里境主,庙宇也就叫正顺王宫。不仅是小岞镇尊奉谢枋得为正顺王,福建

图 7-1-11 20世纪八九十年代的流行礼服

图 7-1-12 小岞老人盛装

---

❶ 惠安县文化体育新闻出版局,惠安县文化馆:《惠安县非物质文化遗产普查成果汇编》,九州出版社,2016,第329。
❷ 泉州市文化广电新闻出版局:《泉州闽南文化生态保护区展示点图览》,九州出版社,2016,第369。

安溪尊奉谢枋得为"茶王公"建正顺王庙，台湾的渔民尊他为"谢府元帅"，并说他是保护郑成功军马渡台的神祇之一。

谢枋得曾在结庐感德大岭山，教化民众，劝导种茶，富裕民众。感德人感其恩德，并塑正顺尊王金身供奉。惠安小岞也建有正顺王宫，纪念谢枋得坚贞气节。谢枋得为南宋文人，死后没有被朝廷封神，反而在民间，因百姓感恩他的节操，在两岸都为他立庙，他属于当代"民间封神"的范例。随着安溪人、惠安小岞人到海外谋生，正顺王信仰也传播到海外，在安溪参内乡罗内村安山庙正顺王，百姓将他视作"境主公"，属于护境有功的王爷信仰。他变成地方保护神。香火分炉到马来西亚、新加坡等地十余处。正顺尊王谢枋得诞辰日是每年农历十一月廿七日，小岞村民自发组织"正顺尊王"巡境活动。正顺尊王与宫内同祀妈祖娘、告海公、舍人公一同巡境，保护境内民生富足安康，每户村民都在自家门口摆起香桌，巡境队伍从门前过，便燃起鞭炮礼花，震耳欲聋、盛况空前。巡境队伍行进顺序为：首先是旗队开道，大开道，进香旗，正顺尊王谢枋得旗，妈祖娘旗，告海公旗，舍人公旗；然后是正顺王宫供奉的各路神轿，分别是正顺尊王谢枋得轿、妈祖娘轿、告海公轿和舍人公轿，妈祖娘轿是由惠安女抬轿（图7-1-13），再后是香亭、香担，最后是各村庄组织的男队、女队。女队分不同时期服装组队（图7-1-14），有清末民初服装，挎着褡裢；还有中华人民共和国成立以来不同时期服装（图7-1-15），有的手挽着竹编篮，有的提着小红伞，渔女们通过最美的自己展示对境主公的虔诚。从正顺王宫出阿里按规划的路线经过约两个小时的徒步行走，浩浩荡荡的队伍返回到了正顺王宫。

图7-1-13　惠安女抬妈祖娘轿

图7-1-14　小岞惠安女盛装踩街

图7-1-15　小岞渔女现代日常服装样式

四、宗教民俗活动促进渔女服饰文化的传承

民心相通是构建"21世纪海上丝绸之路"的纽带和桥梁，并将在推进"21世纪海上丝绸之路"建设中发挥重要作用。民间宗教在全球有超过4亿的信仰者，尤其在亚太地区，占世界民间宗教信徒的90%，而全球超过73%的民间宗教信徒分布在中国，中国大陆的民间宗教信徒在总人口比重中达21.9%，超过2.9亿，如果和港澳台及海外华人加在一起，全球华人民间宗教信仰者占全球比例在80%以上。[1] 同根同源的民间信仰成为海外华族与中华民族精神文化互动的源头，传统民间信仰包含着中华伦理道德文化精髓。

槟城乔治市的正月十五被称为峇峇娘惹的传统情人节，花车巡游习俗沿袭。在19世纪至20世纪初，未出嫁的娘惹只有正月十五晚上才能和姐妹们出游，同时这一天也是未婚峇峇们相中娘惹的机会，娘惹们盛装打扮，一起坐上彩灯装扮的巴士花车游街。十五丢柑活动，还有吃Pengat的甜汤，寓意以后的日子甘甜，这一系列习俗活动内容折射出娘惹特殊的身份和中华文化在海外华人生活的体现。槟州政府作为世界文化遗产推动过程中，槟城州华人公会（SCPA）组织邀请马六甲、新加坡举办娘惹卡峇雅服装大赛，娘惹舞蹈团参加活动，峇峇娘惹文化吸引了大量的游客，相比较昔日峇峇们在政治、经济层面的影响力，现在留下的峇峇娘惹文化中，最具物质文化的认同的是娘惹服饰和娘惹菜，成为峇峇娘惹文化的符号。新加坡、马六甲、槟城都有峇峇娘惹博物馆，通过历史回忆和物质文化的认同，对华裔后人身份的认同，峇峇娘惹文化是混合文化，本质传承了中华文化，同时受到马来文化和欧洲殖民文化的影响形成

---

[1] 邱永辉：《世界宗教视野下的中国民间信仰》，《宗教学研究》2016年第1期。

了独特的服饰群体,是"海丝"文化中具有重要的保护价值。经济全球化本身是一个多元文化相互影响的过程,中国企业要融入全球化,需以具有人文主义共享价值的企业文化为支撑❶。娘惹服饰不论从物质文化还是精神文化,都具有独特的文化识别性,将传统文化资源活化传承,离不开文化生态的修复与再造。峇峇娘惹服饰是时代政治、经济、文化背景下特殊的服饰文化生态结构,峇峇娘惹已从土生华人统一划归为马来西亚华人,马六甲和乔治市(槟城首府)于2008年被列入世界文化遗产名录,峇峇娘惹文化成为马六甲和槟城的文化遗产。历史文化街区和非物质文化遗产的民俗活动、礼仪、节庆、传统手工技艺等文化生态紧密联系在一起。

第二节 国际化传播推动闽南"非遗"渔女服饰传承

习近平主席在第二届世界互联网大会开幕式上的讲话提出,"文化因交流而多彩,文明因互鉴而丰富"。文明互鉴是海丝文化形成的基础,同时也是构建人类命运共同体的文化基础。闽南传统服饰经历跨世纪的海外传承与演变,在海丝文明互鉴过程中形成的华人后裔娘惹服饰,既有闽南传统服饰的特征,又具有马来服饰和欧洲装饰风格。从文化和民族的角度来看,海外华人传承中华文化自觉性的同时主动和被动互鉴融合其他多元文化,形成独具特色的服饰审美思想观念,综合反映了人类文明在不断的互鉴过程中发展进步。近年来,惠安女服饰、蟳埔女服饰作为非物质文化遗产受到了政府和社会各界的广泛关注,地方政府通过设立传承基地、开展学术研究、举办文化节等形式推动其保护与传播,此外,随着媒体的广泛报道,惠安女服饰逐渐走出地方,成为全国乃至国际文化交流的一部分,惠安女服饰的保护工作取得了一定成效,但仍面临诸多问题。由于地域限制和受众群体的局限,闽南"非遗"渔女服饰的影响力尚未完全扩大,闽南"非遗"渔女服饰的国际化保护与传承尤为重要。

一、服饰文化融入21世纪"海丝之路"建设的契机

海上丝绸之路是指利用海上交通进行的贸易和文化交往通道,海上丝绸之路是人类突破海洋的限制后,以海洋为通道进行物产的交流、思想的碰撞、文化的融合而产生新的文明。闽南泉州港、月港、厦门港见证了古代海上丝绸之路之繁荣,闽南传统服饰文化通过海上丝绸之路漂洋过海到南洋群岛,在与外族文明相互交融中形成独特

---

❶ 徐雷、邓彦斐:《儒家思想与当代中国企业伦理价值观的构建》,《山东社会科学》2019年第8期。

的娘惹服饰文化,古老海丝之路不仅带动经济的繁荣同时也促进了不同文化的交流与碰撞。

"丝绸之路"是古代中国向世界传播文化的重要桥梁,它所传递的美学语用学能表现出一种被信赖的中国美学与世界美学交融的历史与走势。[1]马来西亚是历史上海上丝绸之路的重要地点,《海丝蓝皮书:21世纪海上丝绸之路研究报告(2017)》明确指出,大力推进人文交流,民心相通是"海丝"五大合作重点之一。中华传统服饰通过海上丝绸之路与外族文明相互交融,在东南亚形成独特的娘惹多元服饰文化,同时也是马来西亚极具特色的文化符号和珍贵文化遗产。服饰文化审美反映了不同民族的传统礼俗,宗教信仰,价值观念和伦理思想,娘惹服饰在美学领域呈现跨国界、跨种族、跨文化的多元组合。娘惹服饰反映了海外华人后裔面对多元文化环境下,积极开放的态度接受新材料和新观念的美学思想,峇峇娘惹文化创造了东南亚不同民族融合的成功典范,海丝文明的互鉴促进了世界民族文化的交融。

福建是中国最早实行对外开放的省份之一,泉州又是古海丝之路著名的港口,昔日"千帆竞发刺桐港,百舸争流丝绸路"就是从这里走向世界。《中共福建省委关于贯彻党的十八届三中全会精神全面深化改革的决定》提出,打造"新海上丝绸之路",进一步密切同发达国家和新兴市场国家的经贸合作,创新外经贸体制机制,开拓新市场。中国已成为东盟最大的贸易伙伴,新海上丝绸之路的建设非局限于经济领域,同时也要求文化领域的深入。中华人民共和国文化和旅游部非物质文化遗产司提出"中国和东盟的合作由经济领域逐渐扩大深化到包括非遗在内的其他领域",非物质文化遗产是密切人与人之间关系以及他们之间进行交流和了解的要素,其作用不可估量。中国和东盟在非物质文化遗产领域的合作对推动新海上丝绸之路的建设有着特殊的意义。闽南"非遗"渔女服饰有着得天独厚"海丝"背景,独特的海洋民俗文化特征。在新海丝之路的建设中,积极参与中国—东盟非物质遗产传承活动,通过非遗项目合作共同探讨非遗传统文化的价值转化,利用外资渠道打造渔女服饰特色旅游,创建渔女服饰的特色民族品牌,通过新媒体数字化推广,让传统文化走出国门,新海上丝绸之路建设,无疑给有着"海丝"渊源的"非遗"渔女习俗传承与发展,带来新的机遇。

《海丝蓝皮书:21世纪海上丝绸之路研究报告(2017)》明确指出,大力推进人文

---

[1] 潘天波、胡玉康:《丝路漆艺与中国美学思想的传播》,《新疆师范大学学报(哲学社会科学版)》2014年第4期。

交流，民心相通是"海丝"五大合作重点之一。峇峇娘惹文化是马六甲和槟城最具特色的文化遗产，也是中华文化海外留存的文化遗产，娘惹服饰文化本质传承了中华文化，同时受到马来文化和欧洲殖民文化的影响形成了独特的服饰群体，在海丝文化中具有重要的保护价值，娘惹服饰不论从物质文化还是精神文化，都具有独特的文化识别性。将海外传统服饰文化转化提升到现代的文创产品设计中，将传统文化资源转化成现代文化产品，经济全球化本身是一个多元文化相互影响的过程，中国企业要融入全球化，需以具有人文主义共享价值的企业文化为支撑。❶

  人既是文化的创造者，也是文化的承载者，人群的迁移，实际上也是文化的迁移。❷闽南人下南洋也将祖辈创造的生活习俗、宗教信仰等一同移植到南洋，他们创建庙宇，创办华人学校，创立同乡会、宗亲会等华侨社团，生活在东南亚海外的华人需要中华文化的身份认同，在文化习俗和宗教信仰方面一直传承中华礼仪，闽南传统服饰文化同样是马来西亚极具特色的文化符号和珍贵文化遗产。21世纪海上丝绸之路建设和实现中华民族伟大复兴之际，"一带一路"共建国家开展形式多样的人文交流与合作，中华文化海外传扬，增进共建国家和民众对"一带一路"的认同和支持，弘扬和传承优秀的传统文化是我们每一个人的历史使命和文化担当。"一带一路"倡议的提出为闽南渔女服饰的海外传播提供了重要契机，通过"一带一路"框架下的文化交流项目，渔女服饰的艺术价值和历史意义得以传播。例如，在"一带一路"共建国家举办的文化节上，渔女服饰作为闽南文化的代表之一被推向国际舞台。其精美的刺绣工艺、独特的地域风情和深厚的文化内涵吸引了世界各地的目光，成为讲述中国故事的重要载体。"一带一路"倡议还强调共同发展与合作。在这一背景下，闽南渔女服饰的传承不仅仅是单向的输出，更是文化互鉴的双向互动。通过与共建国家的传统服饰交流，渔女服饰在融合中创新，展现出新的生命力。例如，一些设计师将闽南渔女服饰的传统元素与东南亚、南亚的服饰风格相结合，创造出兼具地域特色与国际时尚感的作品。

  推动"一带一路"文化合作"一带一路"倡议为闽南渔女服饰的海外传播提供了广阔的舞台。作为"民心相通"的重要文化实践，渔女服饰通过展览、表演和交流活动，加强了共建国家之间的文化联系。例如，渔女服饰的特色刺绣、传统剪裁和色彩

---

❶ 徐雷、邓彦斐：《儒家思想与当代中国企业伦理价值观的构建》，《山东社会科学》2019年。
❷ 朱东芹：《闽南文化在菲华社会的传播》，《八桂侨刊》2009年。

搭配在"一带一路"共建国家的展示活动中,受到许多观众的欢迎。这不仅促进了中国与其他国家在文化领域的互动,也为闽南文化的全球化传播开辟了新的路径。此外,这种文化合作也带动了旅游、贸易等相关产业的发展,为地方经济注入了新的活力。传统文化的现代设计与创新启示,渔女服饰以其实用性和装饰性兼具的特点,为当代服饰设计提供了丰富的灵感。

二、海外华人社区民俗活动的推动与传播

闽南传统服饰以其鲜明的地域特色和文化价值,承载了华人华侨的文化记忆与民族认同,通过海外传播让海外华裔了解祖先的生活方式和价值观,使传统文化在时间和空间的迁移中不被遗忘,从而在全球化浪潮中保留自己的文化根基。世界各地唐人街(Chinatown)就是华人移民历史的见证,同时也是中华文化传播的窗口,海外中华文化交流和经济活动的重要中心。通过唐人街的商贸活动、庙会、庆典等传播中华文化,举办与惠安女服饰、蟳埔女服饰相关的文化活动,如传统服饰展览、手工制作体验等,能够激发年轻一代华侨华人对传统文化的兴趣与热爱,在东南亚地区的唐人街传播闽南传统服饰,不仅是对华人社区的文化认同和传承,也在一定程度上实现了文化交流与民心相通,增强海外华人社区的凝聚力,同时加强中外民众之间的文化理解与情感共鸣,为构建更加和谐的国际社会贡献力量。

跨文化交流与融合,商贸活动中往往伴随文化讲解、互动体验和现场展示,使非华裔群体也有机会接触和体验中华文化。这种经济与文化双重驱动的模式,有助于打破文化隔阂,促进中外交流,为中华文化"走出去"提供有力支撑。以惠安女服饰和蟳埔女服饰为主题的展览或体验区,可让观众近距离欣赏服饰的制作工艺、纹样设计和历史渊源。通过穿戴体验、现场讲解等互动形式,使传统服饰不再仅是静态展示,而是成为生动的文化传播载体。

东南亚著名的唐人街有新加坡市中心的"牛车水"、马来西亚吉隆坡的茨厂街、槟城乔治市的唐人街、泰国曼谷耀华力路、印尼首都雅加达的格罗多克区(Glodok)华人街、菲律宾马尼拉的宾扬街(Binondo)等,这些华人街在全球化背景下,继续发挥着连接过去与现代、中西文化交流的重要作用。

新加坡市中心的"牛车水"(Chinatown),得名于19世纪早期,当时的居民主要靠牛车运水供应整个地区,华人将这里称为"牛车水"。英文名为"Chinatown"就是华人街的意思,"牛车水"拥有许多保护完好的历史建筑和庙宇,华人供奉妈祖的天福

宫和印度人供奉印度教中的"母神"马里安曼（Mariamman）兴都庙，在牛车水街道上有一个三栋店铺改造的"牛车水"原貌馆，还原了20世纪初华人移民的生活状况。每年春节，牛车水会举办盛大的灯会、舞龙舞狮表演和夜市活动，吸引无数游客。对华人移民来说，牛车水是传承传统文化的桥梁。同时体现了多元文化社会中不同民族的共生与发展。

马来西亚吉隆坡的茨厂街（Petaling Street）是马来西亚吉隆坡最著名的唐人街。19世纪中叶，大批华人移民来到马来西亚，在吉隆坡以采矿、种植和贸易为生。茨厂街已经成为商业和文化中心，传统华人文化与现代商业结合，这里有建于1887年关帝庙，从语言、饮食到建筑风格，都体现了华人的传统。

槟城乔治市的唐人街是马来西亚最有特色的唐人街之一，同时也是联合国教科文组织世界遗产地的一部分，主要围绕打铜仔街（Lebuh Campbell）、打石街（Lebuh Carnarvon）和义福街（Lebuh Chulia）展开。每年乔治市文化节，唐人街是主要活动场地，吸引了来自世界各地的游客。福建邱氏宗祠（Khoo Kongsi）作为槟城的文化遗产之一，不仅保存了历史上华人家族的传统，还成为现代游客了解槟城华人社会的一个重要文化节点。

峇峇娘惹博物馆（Pinang Peranakan Mansion）也是槟城最著名的文化景点之一，博物馆展示其丰富的藏品和精美的建筑，传统娘惹服装、手工刺绣鞋以及饰品如金镶玉项链和手镯。娘惹婚礼展厅专门复原了传统峇峇娘惹婚礼场景，再现了华人后裔峇峇娘惹族群在19世纪和20世纪初的辉煌时期，是全球游客了解中国传统家族文化和宗族制度的重要场所。

泰国曼谷耀华力路（Yaowarat Road）是曼谷最大的唐人街。1782年左右开始慢慢形成华人聚集地，是华人节日庆祝的主要活动场所街道两侧是典型的中式建筑，外墙上装饰着醒目的红色招牌和中文字样，保留着传统的中国风格。

印尼首都雅加达的格罗多克区（Glodok）华人街，位于雅加达西区的塔曼沙丽（Taman Sari）街区，靠近老城区（Kota Tua），棉兰、泗水等城市也有规模较大的华人社区。格罗多克区的历史可追溯到17世纪荷兰殖民时期。当时大量来自中国福建、广东等地的移民来到雅加达，荷兰殖民政府将格罗多克划定为华人居住区，这里不仅保存了华人传统的语言、习俗和宗教信仰，还体现了华人与印尼其他族群的文化交融。

菲律宾马尼拉的宾扬街（Binondo），是世界上最古老的唐人街，建于1594年。作为华人移民的居住地和贸易中心，西班牙殖民时期为了管理移民，将大批华人安置于宾扬街,他们在这里从事贸易、手工业等。宾扬街还有许多中国传统的寺庙与祭坛,仙翁庙(Kuang Kong Temple)供奉关帝,是当地华人的信仰中心之一,观音庙(Temple of the Goddess of Mercy)供奉观音菩萨,香火旺盛,是许多信徒的朝圣地。

华人街具备中华文化社区传承的功能,当地华人建立了庙宇、会馆、学校和商会,确保中华传统文化在异国他乡得以延续和发扬。唐人街作为海外华人的聚集地,展现了中华文化与当地文化的融合,通过华人传统节庆、庙宇、民俗等形式向世界展示中国的丰富文化遗产,闽南传统服饰在节庆、婚礼、宗教仪式等场合中仍然具有重要的象征意义,中华传统服饰的展示赋予这些活动更强的文化标志性,增强了活动的仪式感和文化内涵,表达海外华人对祖籍文化的认同,加强族群的凝聚力。近几年汉服、马面裙等传统服饰在海外吸引了大量游客,增加中国文化的全球影响力,让海外移民和后代保持对中华文化的认同和文化自信。

通过唐人街的商贸活动、庙会和庆典,中华文化以多层次、多角度的方式向海外传播,闽南渔女服饰本土化与国际化结合,在海外华人社区及国际市场中,既要保持传统文化的纯正性,又要注重与当地文化的融合。通过策划符合当地审美和需求的活动,将惠安、蟳埔女服饰等中华传统元素进行适当的本土化改造,使其在跨文化交流中更具亲和力和吸引力。

三、渔女服饰习俗的国际社交媒体传播

社交媒体与短视频平台也是国际化传播的重要途径。随着社交媒体的快速发展,微纪录片和手工艺展示视频等新型传播形式为传统文化的国际化传播提供了新的机遇。通过创新的内容形式和传播策略,提升闽南渔女服饰文化的国际影响力。通过分析社交媒体传播的特点和优势,结合闽南渔女服饰的文化特色,本研究提出了一套系统的传播策略,以期为传统服饰文化的国际化传播提供参考和借鉴。关于闽南渔女服饰相关民俗活动的微纪录片、手工艺展示视频在国际化的社交媒体,利用社交媒体平台,发布服饰民俗活动宣传视频,实时直播互动,配备多语言文字,吸引国际观众关注,通过结合这些方式,可以从各个维度彰显闽南渔女服饰的国际化潜力,同时确保其在全球化过程中依然保留文化根基。

社交媒体平台的选择与传播策略,在众多国际化社交媒体平台中,如照片墙(Instagram)、抖音(海外版,TikTok)和优兔网(YouTube)因其独特的优势和庞大的用户群体,成为传播闽南渔女服饰文化的理想选择。照片墙以其强大的视觉呈现能

力，适合展示服饰的精美细节和服饰习俗活动场景；抖音（海外版）的短视频形式有利于创作生动有趣的微纪录片，吸引年轻受众；优兔网则适合发布较长的手工艺展示视频，深入介绍服饰制作过程和文化背景。针对不同平台的传播策略应有所侧重，在照片墙上，可以通过精美的图片和短视频，结合话题标签和地理标签，提高内容的可见度和互动性。抖音（海外版）上则可以创作系列微纪录片，利用平台的算法推荐，扩大传播范围。优兔网上则可以制作高质量的手工艺展示视频，结合SEO优化和频道订阅，建立稳定的观众群体。跨平台的内容整合和互动也是提升传播效果的关键，如在照片墙上预告抖音（海外版）的微纪录片，或在优兔网视频中引导观众参与照片墙的话题讨论等，通过精细化运营社交媒体矩阵，将非遗转化为全球年轻人追捧的潮流符号，用数字时代的语言重新诠释传统，最终形成"线上引爆—线下体验—商业转化"的闭环生态，实现传统非遗服饰国际化传承和保护。

第四部分　闽南"非遗"渔女服饰保护与传承

第八章　文旅融合推动"非遗"渔女服饰传承与创新

第一节　文旅融合促进"非遗"渔女服饰传承的优势

文旅融合对非遗传承具有极其重要的意义，它不仅为非遗的保护和发展提供了新的思路和模式，还为非遗在现代社会中的传承和创新注入了强大动力。文旅融合将非遗文化与旅游活动相结合，通过旅游的传播渠道，接触到更广泛的受众群体，在旅游过程中，游客对非遗文化的亲身体验和参与，能够激发他们对非遗的兴趣和关注，这种关注不仅有助于提高非遗的社会知名度，还能增强公众对非遗保护的意识。

文旅融合政策支持也是一个重要因素。2018年12月，文化和旅游部等17部门联合发布《关于促进乡村旅游可持续发展的指导意见》，提出通过发展乡村旅游，促进乡村文化的传承与创新，实现文化和旅游的融合发展。福建位于中国东南沿海，拥有丰富的海岸线，同时，福建的气候属于亚热带季风气候，四季温和，适合全年旅游，这也是一个优势。亚热带海洋性气候优势年均气温18—22℃，全年适宜旅游天数超过300天，避寒避暑功能兼备，弥补北方滨海旅游季节性短板。

文化和旅游部2021年6月发布《"十四五"文化和旅游发展规划》，明确了"十四五"期间文化和旅游发展的总体目标和主要任务，强调推进文化和旅游的融合发展。福建省关于落实"十四五"文旅规划，明确打造"环闽沿海世界级滨海休闲度假旅游带"，目标到2025年滨海旅游收入突破3000亿元，占全省旅游总收入比重超35%。福建省近年来将滨海旅游作为推动文旅经济高质量发展的重要抓手，依托"山海画廊"的生态基底与"海丝文化"的历史资源，通过政策引导、项目投资、产业融合等举措，系统性推进滨海旅游升级。福建省关于"海上福建"建设，2021年出台《加快建设"海上福建"推进海洋经济高质量发展三年行动方案》，将滨海旅游列为海洋经济五大千亿产业集群之一。2023年福建滨海旅游总收入达2480亿元，同比增长31%，占全省生产总值比重4.2%，厦门、泉州连续三年入选"中国滨海旅游目的地TOP 10"。文旅融合政策支持有助于将渔女服饰推向国际市场，例如通过国际文化交流展、跨国合作品牌推广等方式，提高其国际影响力。国家政策的推动，使得非遗渔女服饰在文旅融合发展过程中具备了政策扶持、文化底蕴、市场需求、产业创新及国际传播等多重优势。

一、海丝历史遗产与渔女服饰活态文化融合优势

国务院办公厅2018年3月印发《关于促进全域旅游发展的指导意见》，提出全域旅游的发展理念，强调将文化融入旅游，促进旅游业转型升级，推动文化和旅游的深度融合。在国家全域旅游背景下，结合全域旅游发展契机，惠安女的服饰有"封建头、民主肚、节约衫、浪费裤"的特点，颜色鲜艳，有独特的头饰和腰带。蟳埔女的簪花围非常华丽，用鲜花装饰，这些都是视觉上的亮点，容易吸引游客。渔女服饰可以与当地特色旅游资源结合，形成沉浸式文化体验，增强游客的参与感和文化认同。

泉州作为古代海上丝绸之路的起点，同时，泉州作为"宋元中国世界海洋商贸中心"入选世界遗产，九日山祈风石刻、开元寺等22处遗产点，有丰富的海丝文化遗迹，可开发"海丝文化主题游"。惠安女生活的崇武半岛和小岞半岛，蟳埔女生活的古海上丝绸之路出海口，这些自然美丽海岸线都是滨海旅游的基础，崇武古城（中国四大明代卫城之一）与惠安女服饰（国家级非遗）的结合，是"历史遗产+活态文化"的文旅融合典范。通过场景重构、产业联动与数字赋能，可打造独具闽南特色的文化地标。崇武古城作为历史遗迹，本身就有较强的旅游吸引力，但如何让游客有更深的体验感是关键。崇武半岛上惠安女服饰作为活的文化符号，可以增强游客的文化沉浸感。比如在古城内设置换装体验点，让游客穿上惠安女服饰游览，拍照打卡，这样既能宣传服饰文化，也能提升古城的游览体验。

闽南渔村文化通过文旅融合活化传承，惠安女服饰、蟳埔簪花围、为打造沉浸式民俗体验提供独特IP，如蟳埔村"簪花+渔村摄影"已成为网红打卡现象。洛阳桥位于中国福建省泉州市洛江区，横跨洛阳江入海口，是中国现存最早的跨海梁式石桥，与赵州桥、卢沟桥、广济桥并称"中国四大古桥"。其以独特的水工技术和文化价值闻名于世，是古代海上丝绸之路的重要见证。以惠安女服饰为文化主线，串联大岞村惠安女风情园，非遗活态传承基地，也是文化体验核心。洛阳桥的历史叙事纽带，小岞风车岛的自然景观为载体进行摄影或户外活动，打造"服饰穿行千年"主题文旅廊道，构建"文化场景化–场景产品化–产品链条化"的融合模式。

二、文旅融合推动渔女服饰的多维传播优势

文旅融合打破传统传播壁垒，拓展多维传播渠道，通过场景化展示平台，旅游景区窗口效应，非遗渔女服饰可融入古镇、民俗村等文旅场景，形成沉浸式文化景观，游客通过拍照、短视频自发传播，实现"游客即媒介"。旅游景区可以作为展示非遗服饰的窗口，游客在游览时接触到这些服饰，可以拍照分享到社交媒体，形成二次传播。文化和旅游部2021年11月发布《关于深化"互联网+旅游"推动旅游业高质量发展的意见》，主要内容是鼓励利用互联网技术，创新文化和旅游融合发展的新模式，提升旅游服务的智慧化水平。产业融合创新优势，数字化传播助力品牌建设：可以通过短视频、直播带货、线上展示等方式推广渔女服饰，提高文化传播力和市场认知度。跨媒体传播矩阵，文旅项目联动短视频平台（抖音、快手）、文旅直播（如"云游非遗"）等，以故事化内容展现非遗服饰制作技艺与历史内涵，精准触达年轻群体。

闽南渔女服饰与节庆活动的整合，例如，在古城举办惠安女文化节，结合传统节日如妈祖诞辰，组织服饰巡游、手工艺展示等活动，吸引更多游客。同时，利用新媒体平台进行宣传，比如抖音、小红书等，非遗文化可以突破地域限制，走向全国乃至世界，扩大影响力。文旅融合促进非遗渔女服饰的活态传承，非遗传承人可以通过旅游活动展示编织、刺绣等技艺，与游客互动，使非遗在实际操作中得以传承和发展，激发传承活力，文旅融合为非遗传承人提供了与外界交流的机会，使他们能够学习到先进的理念和技术，提升自身的传承能力。还有博物馆、非遗馆的展览，通过实物展示和互动体验让游客更直观了解服饰背后的文化。

文旅融合能够将渔女服饰等非遗文化与旅游相结合，通过旅游活动的推广，吸引更多游客关注和体验渔女服饰文化。蟳埔女所在的蟳埔村打造"古文化历史街区、海丝起点观光带、海丝旅游综合体"，吸引了大量游客前来体验蟳埔女服饰，文旅融合政策通过推动闽南渔女服饰文化与旅游活动相结合，能够吸引更多游客关注和体验这一非遗文化。文旅融合不仅是非遗传承的重要途径，也是实现文化可持续发展的重要策略文旅融合为非遗渔女服饰的传承带来了多方面的优势。

第二节 文旅融合背景下渔女服饰的创新路径

文化和旅游部、国家发展改革委、国家文物局、财政部于2016年5月，印发《关

于推动文化文物单位文化创意产品开发的若干意见》，鼓励文化文物单位开发文化创意产品，推动文化资源与旅游市场的对接，促进文化和旅游的融合发展。渔女服饰承载了渔家女性的传统技艺、生活方式和民俗文化，具有鲜明的地域特色，是地方文化的重要组成部分，闽南渔女服饰融合了手工刺绣、编织工艺、民间图案等非遗元素，可借助文化旅游开发，加强品牌推广和市场化运作。

闽南传统服饰文化有着深厚历史文化的沉淀和独特的民族特色，当代传统服饰手工艺最重要的经济价值是人文经济价值，同时也是国家文化产业的基础，福建泉州传统惠安女服饰首批入选国家"非遗"名录，惠安女服饰以其简洁的结构、鲜明的配色、巧妙的工艺、自然的装饰渗透着浓郁的海洋文化气息，折射着独特的濒海地域风俗而闻名于世。从历史文化遗产的视角推进现代国家之间的互利合作，这是一种新的历史文化观，也是开创新历史、发展新文化、造就新繁荣的重要立足点。[1]非遗服饰与旅游商品结合，开发成纪念品、文创产品，通过非遗+文创模式拓展消费市场，扩大销售渠道。

一、渔女服饰元素融入现代文创产品设计

（一）惠安女花斗笠造型的转化设计

打造海洋文化背景下民俗文创产品设计，以地域文化元素为特色，传承和弘扬非物质文化遗产传统服饰文化，是"非遗"渔女服饰传承的重要途径之一。通过对传统渔女服饰元素的提炼，演化成符号式的标志，借用自然景观，湛蓝大海和金色的沙滩，巧妙运用自然的图形，通过符号传递也是通过"有形"的客观真实再现和"无形"的高度概括。海洋生物各种形态同样也是我们包装设计的主题之一，各种鱼类、贝类等色彩和形状都给设计师无限的灵感。源于自然的设计既崇尚生态文明，又引导消费者的绿色消费意识和环保意识，体现了人与自然的和谐关系。惠安渔女服饰纹样的现代转化，本质是海洋文明的当代表述。通过量化解析其形式规律、重构文化语义、对接先进制造技术，传统纹样得以突破物理载体限制，在可持续时尚、智能穿戴、虚拟空间等领域焕发新生。这种转化不是简单的图案移植，而是构建起连接过去与未来的文化基因链，为非遗活态传承提供可复制的范式。

渔女服饰的传统纹样、配色与设计为现代时尚和艺术创作提供了丰富的灵感。设计师可以通过对传统服饰元素的重新演绎，打造出具有文化深度的时尚作品。以渔女服饰为核

---

[1] 郑通涛、方环海、陈荣岚：《"一带一路"视角下的文化交流与传播》，世界图书出版公司，2017，第14页。

心的文创产品（如服饰、饰品、家居用品等）可以推动地方经济的发展，将文化价值转化为经济效益。惠安传统渔女服饰有着强烈的装饰美，尤其是银饰、腰带、头巾更具有纪念特质和收藏意义。惠安女黄斗笠的外观转化成图案，斗笠花纹既具有镂空的立体感，又具有惠安女风格特色，元素转化可以运用到各类产品中，例如斗笠钥匙缀，包袋挂饰，首饰设计应用在创意耳环、项链中（图8-2-1）。同样我们海岸常见的渔船通过提炼和概括结合旋涡纹运用到首饰盒的设计中，同样可以运用到时尚设计包袋中（图8-2-2）。斗笠花纹提取与项链设计应用（图8-2-3）。

（二）渔女服饰纹样元素转化文创设计

惠安渔女传统纹饰蕴含丰富的海洋文化内涵，无论是作为底纹，主体图案还是一些边角饰，都能给人以古朴、清新的气息，传达出一股浓浓的乡情，并具有强烈的装饰感。艺术源于生活，更源于对生活的感受。研究和挖掘惠安女服饰图案，加入现代设计理念，渔女传统服饰图案纹样有着强烈的族群精神象征和浓郁的生活气息，反映惠安人民勤劳朴实及对美好生活的追求与向往。以"非遗"惠安女服饰元素为题材，无论从结构、材

图8-2-1 斗笠元素提取与耳环设计应用
（马诗雨设计，卢新燕指导）

图8-2-2 斗笠花纹提取与包袋应用
（马诗雨设计，卢新燕指导）

图8-2-3 斗笠花纹提取与项链设计应用
（马诗雨设计，卢新燕指导）

料、色彩、纹样等都要赋予传承与创新的文化内涵。小岞渔女袖套绲边纹样极具有装饰效果，提取连续纹样的元素应用在包袋设计中（图8-2-4）。惠安女刺绣衣领纹样转化成二方连续和四方连续纹样，运用在服饰配件中，通过对惠安女服饰主题的产品设计创新，传承和发扬惠安女服饰非遗传统文化，是地区经济发展和宣传城市特质所需要的，也是拉动消费和文化传承所需要的。

小岞渔女袖套纹样提取组合成连续纹样，是将提取元素中的色块进行重组整合，并得到了一组可无限复制延长的图案。在图案的排列上也借鉴了小岞惠安女服饰绲边纹样的排列形式，紧凑多条，使其更有传统韵味。此图案利用了可无限复制延长的特点，主要运用在袖袢，腰带，具有点睛的作用，图案运用在短裤、长裙等大面积当中，既简洁又时尚（图8-2-5）。在不打破传统纹样造型感的基础上，将其分解、重组，得出一系列可连续应用的元素既强调了传统纹样的韵味，又不失现代感。

惠安女衣领刺绣纹样中的鱼虾图案承载闽南渔民的海洋信仰与生存智慧，其造型经几何化、抽象化处理，兼具写意美感与实用功能，如衣襟鱼纹寓意"年年有余"，虾纹象征"弯而不折"的生命韧性。设计定位以"非遗活化+海洋可持续"为双核，将传统纹样转化为兼具文化辨识度与当代审美的旅游商品，推动惠安女文化从"静态展示"向"可穿戴叙事"转型。虾纹特征造型以弓背弧线强化动态感，节肢以连续折线表现，触须延伸为卷草纹，色彩为朱红与赭石渐变，隐喻丰收喜庆。虾纹样以60°斜向交错排列，组成一个单位元，形成密而不乱的视觉效果。应用到时尚包袋设计中（图8-2-6）。本方案通过纹样

图8-2-4　袖套纹样提取与包袋设计应用
（卢新燕设计）

图8-2-5　头饰巾仔刺绣纹样提取与应用
（马诗雨设计，卢新燕指导）

图8-2-6　鱼虾纹样提取
（李晨设计，卢新燕指导）

基因解码，将惠安女服饰中的海洋生物符号转化为有温度的文化服饰品（图8-2-7），持续激活非遗在当代语境中的生命力。

传统服饰文化是历史发展的见证，民族智慧的结晶，延续千百年的渔女传统服饰在现代都市中面临着逐渐弱化的危机，随着生产方式的改变，闽南渔女传统穿戴习俗在现代生活方式中已逐渐消失，这也

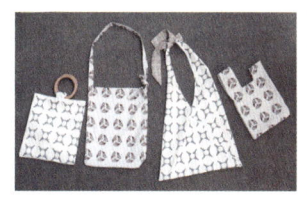

图8-2-7 鱼虾纹样提取与应用
（李晨设计，卢新燕指导）

是历史发展的自然规律，如何让传统服饰文化在现代社会中重现生机，在"危"中寻找"机"遇，这是时代赋予我们不可推卸的责任。作为"非遗"的渔女服饰文化，我们不仅要"馆藏"，更要创意转化与时尚接轨，通过时尚设计激活传统文化。福建是服装大省，尤其是晋江、石狮的男装和童装品牌在全国服装行业具有举足轻重的地位，得天独厚服装行业技术和背景，是我们打造海洋文化为背景的民族服饰品牌与开发蟳埔女服饰背后的文化内涵的强有力支撑。"非遗"服饰文化与时尚设计结合，传统文化与创意经济结合，赋予传统文化新的生命力；蟳埔渔女簪花习俗吉祥之意，近几年来代表中国花卉寓意的设计元素一直受到国内外服装设计师的关注和青睐，每年国际时装周上东方元素层出不穷，如约翰·加利亚诺中国风的水墨元素，华伦天奴的青花瓷中国风图案等，越来越多的奢侈品牌开始重视中国这一潜在的消费市场，挖掘和提炼中国传统服饰文化中的精华，东方文化已成为时尚界的时尚主题。五千年博大精深的传统文化一直是我们现代设计不断的灵感源泉，通过现代设计激活优秀的传统文化。

二、国际化工作坊保护与传承

闽南渔女服饰的海外传播既体现了中华服饰文化的独特魅力，也在国际舞台上展现出非物质文化遗产的活力与现代意义。通过国际工作坊的形式，举办关于闽南渔女服饰制作工艺的全球工作坊，吸引国外设计师、手工艺爱好者参与。可以在世界范围内获得更多的关注和喜爱闽南传统服饰，这不仅是一种文化传承方式，更是文化创新与交流的桥梁，助力中华文化在全球化背景下焕发新的生命力。

开展闽南传统服饰的国际传承工作坊，同时需要充分结合当地文化、参与者兴趣

和现代传播手段，确保活动既能彰显传统文化魅力，又具有吸引力和互动性。明确工作坊目标，向国际观众介绍闽南惠安女服饰、蟳埔女服饰的历史、文化背景和美学价值，让更多人了解这一文化遗产，传播服饰文化，通过互动体验激发参与者对传统文化的兴趣，吸引更多人参与保护和推广。

联合国际机构开展相关课程或专题讲座，例如联合国教科文组织、海外孔子学院、各国大使馆文化部门，高校合作与学术交流，通过与艺术、服装设计、文化研究等相关学科的大学合作，开展中国传统服饰形式可以有短期课程、联合设计项目、师生参与的研究主题展览与讲座。举办以惠安女服饰和蟳埔女服饰为主题的专题展览，通过图片、实物展示及数字多媒体讲解，详细介绍服饰的历史沿革、工艺流程和文化象征。深入解析服饰背后的文化内涵与美学价值型工作坊。

国际化工作坊为中外文化交流提供了契机。通过邀请国际设计师、学者和爱好者参与，可以激发跨文化灵感，推动闽南渔女服饰与现代设计、时尚潮流的融合。例如，将渔女服饰的刺绣、编织技艺与国际时尚元素结合，创造出既有传统韵味又符合现代审美的作品。闽南渔女服饰是闽南文化的缩影，承载着海洋文化、民俗信仰和地域特色。通过国际化工作坊、跨界合作，与时尚品牌、影视制作公司合作，将闽南渔女服饰融入影视剧、时装秀等大众文化载体，可以向海外受众传递中国文化的独特性和多样性，增强文化认同感。

传统的非遗保护多局限于本土，而国际化工作坊可以拓展保护的范围和方式。通过海外传播，吸引更多资源和支持，形成"本土保护+国际推广"的双轨模式。同时，工作坊可以借助数字化技术（如3D扫描、虚拟现实等）记录和展示服饰技艺，为非遗保护提供技术支撑。工作坊为非遗传承提供了全球化视野，吸引更多国际力量参与保护与传承，形成"全球共享"的非遗保护新模式。国际化工作坊不仅是闽南渔女服饰海外传播的起点，更是中国文化与世界对话的桥梁。通过系统性规划与创新实践，闽南渔女服饰有望在国际舞台上焕发新生，成为中国文化软实力的重要象征。同时，这一模式也为其他非遗项目的保护与传承提供了可借鉴的经验。

闽南渔女服饰其独特的设计与纹样蕴含着闽南地区特有的海洋文化和渔业生产方式，渔女服饰作为非物质文化遗产的重要组成部分，其保护体现了对文化多样性的尊重，彰显了保护地方文化的全球性价值。